Matthias Pfriem

Analyse der Realnutzung von Elektrofahrzeugen in kommerziellen Flotten zur Definition einer bedarfsgerechten Fahrzeugauslegung

Karlsruher Schriftenreihe Fahrzeugsystemtechnik
Band 47

Herausgeber
FAST Institut für Fahrzeugsystemtechnik
Prof. Dr. rer. nat. Frank Gauterin
Prof. Dr.-Ing. Marcus Geimer
Prof. Dr.-Ing. Peter Gratzfeld
Prof. Dr.-Ing. Frank Henning

Das Institut für Fahrzeugsystemtechnik besteht aus den eigenständigen Lehrstühlen für Bahnsystemtechnik, Fahrzeugtechnik, Leichtbautechnologie und Mobile Arbeitsmaschinen

Eine Übersicht aller bisher in dieser Schriftenreihe erschienenen Bände finden Sie am Ende des Buchs.

Analyse der Realnutzung von Elektrofahrzeugen in kommerziellen Flotten zur Definition einer bedarfsgerechten Fahrzeugauslegung

von
Matthias Pfriem

KIT Scientific Publishing

Dissertation, Karlsruher Institut für Technologie (KIT)
Fakultät für Maschinenbau, 2015

Impressum

KIT Scientific Publishing

Karlsruher Institut für Technologie (KIT)
KIT Scientific Publishing
Straße am Forum 2
D-76131 Karlsruhe

KIT Scientific Publishing is a registered trademark of Karlsruhe Institute of Technology. Reprint using the book cover is not allowed.

www.ksp.kit.edu

Print on Demand 2016

ISSN 1869-6058
ISBN 978-3-7315-0489-4
DOI: 10.5445/KSP/1000052397

Vorwort des Herausgebers

Die Fahrzeugtechnik ist gegenwärtig großen Veränderungen unterworfen. Klimawandel, die Verknappung einiger für Fahrzeugbau und -betrieb benötigter Rohstoffe, globaler Wettbewerb, gesellschaftlicher Wandel und das rapide Wachstum großer Städte erfordern neue Mobilitätslösungen, die vielfach eine Neudefinition des Fahrzeugs erforderlich machen. Die Forderungen nach Steigerung der Energieeffizienz, Emissionsreduktion, erhöhter Fahr- und Arbeitssicherheit, Benutzerfreundlichkeit und angemessenen Kosten finden ihre Antworten nicht aus der singulären Verbesserung einzelner technischer Elemente, sondern benötigen Systemverständnis und eine domänenübergreifende Optimierung der Lösungen.

Hierzu will die Karlsruher Schriftenreihe für Fahrzeugsystemtechnik einen Beitrag leisten. Für die Fahrzeuggattungen Pkw, Nfz, Mobile Arbeitsmaschinen und Bahnfahrzeuge werden Forschungsarbeiten vorgestellt, die Fahrzeugsystemtechnik auf vier Ebenen beleuchten: das Fahrzeug als komplexes mechatronisches System, die Fahrer-Fahrzeug-Interaktion, das Fahrzeug in Verkehr und Infrastruktur sowie das Fahrzeug in Gesellschaft und Umwelt.

Elektrofahrzeuge haben trotz ehrgeiziger Ziele der Bunderegierung und der Automobilbranche bislang keine nennenswerte Marktdurchdringung erreicht, was an zu hohen Kosten in Verbindung mit Einschränkungen gegenüber den Leistungsdaten konventioneller Fahrzeuge liegt, insbesondere bei der Reichweite. Technische Lösungen, vor allem in der Batterietechnologie, sind in der Vorbereitung, lassen jedoch keine schnellen Erfolge erwarten. Demgegenüber steigt aus Umweltschutzgründen der Druck auf Hersteller und öffentliche Hand, Fahrzeuge und Mobilität klimafreundlicher zu gestalten.

Hier setzt die Arbeit von Herrn Pfriem an, die auf eine nutzergerechte, Übererfüllungen vermeidende und damit kostensenkende Auslegung von Elektrofahrzeugen als einen bereits heute gangbaren Weg abzielt. Der Fokus liegt auf gewerblich genutzten Fahrzeugen, da in diesem Marktsegment rationale und pragmatische Lösungen eher Aufnahme finden, wenn damit die Kostensituation verbessert werden kann. Herr Pfriem bedient sich dazu einer umfangreichen Datenbasis aus einem Flottenversuch für Elektrofahrzeuge, so dass eine empirisch begründete Fahrzeugauslegung möglich wird.

Frank Gauterin

Karlsruhe, Februar 2016

Analyse der Realnutzung von Elektrofahrzeugen in kommerziellen Flotten zur Definition einer bedarfsgerechten Fahrzeugauslegung

Zur Erlangung des akademischen Grades
Doktor der Ingenieurwissenschaften
der Fakultät für Maschinenbau
Karlsruhe Institut für Technologie (KIT)

genehmigte
Dissertation
von

Dipl.-Wi.-Ing. Matthias Pfriem
geboren in Ludwigshafen am Rhein

Tag der mündlichen Prüfung:	18.12.2015
Hauptreferent:	Prof. Dr. rer. nat. Frank Gauterin
Korreferent:	Prof. Dr. rer. pol. Wolf Fichtner

Kurzfassung

Im Transportsektor werden batterieelektrische Fahrzeuge als Lösungsansatz zur Reduktion der anthropogenen CO_2-Emissionen gesehen. Sie bieten jedoch im Vergleich zu konventionellen Fahrzeugen eine eingeschränkte Leistungsfähigkeit bei gleichzeitig höheren Kosten, was den Markthochlauf erschwert. Die kommerzielle Nutzung ist hier von besonderem Interesse, da auf sie ein Großteil aller Neuzulassungen fällt. Durch den Verbund mit anderen Fahrzeugen können die eingeschränkte Reichweite von Elektrofahrzeugen in kommerziellen Flotten kompensiert und deren Stärken im Nahbereich genutzt werden. Die Mehrpreisbereitschaft für alternative Antriebe ist jedoch privat wie gewerblich gering.

Daher wird im Rahmen der Arbeit auf Basis einer Naturalistic Driving Studie mit Elektrofahrzeugen in kommerzieller Nutzung eine detaillierte Analyse der Mobilität vorgenommen, die neben reinen Basiswerten wie Fahrtlänge und Fahrtdauer auch die Art und Weise der Nutzung auf fahrzeugtechnisch relevanter Ebene erfasst. Die Ergebnisse ermöglichen es erstmals, eine empirisch begründete bedarfsgerechte Fahrzeugauslegung zu erarbeiten, die sich auf den Kern der Nutzeranforderungen konzentriert und seltene statistische Ausreißer zu Gunsten einer sparsameren Auslegung ausschließt. Dies ermöglicht deutliche Kostenvorteile im Vergleich zu heutigen Auslegungen und kann somit den Markterfolg fördern.

Darüber hinaus werden für weitere Untersuchungen drei Fahrzyklen aufgebaut, die das Fahrverhalten mit den Elektrofahrzeugen im gemischten, städtischen und Überlandbetrieb repräsentieren.

Abschließend wird durch den Vergleich mit nationalen und internationalen Mobilitätsstudien das Marktpotential eines derart bedarfsgerecht skalierten Elektrofahrzeugs für den kommerziellen und privaten Sektor herausgearbeitet.

Abstract

In the transport sector, battery electric vehicles are seen as one of the solutions to reduce man-made CO_2 emissions. However, in comparison to conventional vehicles, they offer limited capabilities at higher costs, making market ramp-up difficult. The commercial domain is of particular interest, because a major portion of all new car registrations is for commercial use. The combination with other vehicles within a commercial fleet can compensate for the limited range of electric vehicles and gives the opportunity to use their advantages within near distances. However, the willingness to pay a surcharge for alternative drive systems is low in the private, as well as in the commercial domain.

Therefore, this work contains a detailed analysis of the mobility with electric vehicles in commercial fleets, and is based on a Naturalistic Driving Study. It focusses not only on the basic values, such as trip distance or duration, but also the manner of use of the vehicles on a technically relevant level. The results enable, for the first time, an empirically based vehicle design that is adjusted to the customers' needs. It focuses on the core user requirements and excludes rare outliers in favour of a more economical design. This enables significant cost advantages compared to today's electric vehicles and may as a result promote market success.

Additionally, three driving cycles are developed to be used in further studies. They represent the driving behaviour with the electric vehicles being used for mixed, urban and rural operation.

Finally, the market potential of such an electric vehicle, which is adjusted to the customers' needs, is elaborated for the commercial and private sector by a comparison with national and international mobility studies.

Vorwort

Zunächst gilt mein besonderer Dank meinem Doktorvater Herrn Prof. Dr. rer. nat. Frank Gauterin unter dessen wissenschaftlicher Betreuung die Arbeit am Lehrstuhl für Fahrzeugtechnik des Instituts für Fahrzeugsystemtechnik des Karlsruher Instituts für Technologie (KIT) entstanden ist. Er hat mir stets sein Vertrauen geschenkt und die notwendigen Freiheitsgrade in meiner wissenschaftlichen Arbeit ermöglicht, was wesentliche Grundlagen für die Entstehung der Arbeit und auch für meine fachliche und persönliche Weiterentwicklung waren.

Darüber hinaus danke ich Herrn Prof. Dr. rer. pol. Wolf Fichtner einerseits für die Übernahme des Korreferats der Dissertation, aber auch für die wichtige organisatorische Arbeit, die er im Projekt CROME geleistet hat, in dessen Rahmen die Forschungsarbeit für die Dissertation stattgefunden hat. Weiterhin danke ich Frau Prof. Dr. Dr.-Ing. Dr. h. c. Jivka Ovtcharova für die Übernahme des Prüfungsvorsitzes und für das Interesse an meiner Arbeit.

Ein spezieller Dank gilt meinem Gruppenleiter Herrn Dr. phil. Thomas Meyer, der sich stets in allen Belangen für mich eingesetzt hat und sowohl auf fachlicher als auch persönlicher Ebene jederzeit mit freundschaftlichem Rat zur Verfügung stand.

Darüber hinaus möchte ich dem übrigen Kollegium am Lehrstuhl für die ganz besondere, familiäre Atmosphäre danken. Ich habe es immer als großen Glücksfall empfunden, in so einer tollen Truppe arbeiten zu dürfen. Neben dem fröhlichen Institutsalltag sind auch die extracurricularen Aktivitäten nie zu kurz gekommen, woraus etliche wertvolle Freundschaften entstanden sind.

Bedanken möchte ich mich auch, bei allen Kolleginnen und Kollegen der anderen Lehrstühle am KIT, mit denen ich im Projekt

CROME zusammenarbeiten durfte. Der freundschaftliche und kollegiale Umgang hat die Abstimmung untereinander und die Kooperation stets angenehm und produktiv gemacht.

Mein Dank gilt auch allen Studenteninnen und Studenten, die mich in Form von Abschlussarbeiten oder HiWi-Tätigkeiten in meinen Projekten mir ihren Beiträgen unterstützt haben. Die Betreuung hat mir stets sowohl menschlich als auch fachlich große Freude bereitet und war eine immer willkommene Abwechslung im Arbeitsalltag.

Zum Abschluss möchte ich mich ganz herzlich bei meiner Familie und meiner Frau Meike bedanken, die mich stets in all meinen Bemühungen gefördert und unterstützt haben und mir Studium und Promotion erst ermöglicht haben. Bei ihnen habe ich immer das harmonische Umfeld vorgefunden, um im Privatleben wieder Kraft für die Herausforderungen der Arbeit zu schöpfen.

Inhaltsverzeichnis

Abbildungsverzeichnis

Tabellenverzeichnis

Abkürzungsverzeichnis

API	Application Programming Interface
BEV	Battery electric vehicle = Batterieelektrische(s) Fahrzeug(e)
CADC	Common Artemis Driving Cycle
EVF	Empirische Verteilungsfunktion
FTP	Federal Test Procedure
GPS	Global Positioning System
MAE	Mean absolute error = Mittlerer absoluter Fehler
NEFZ	Neuer Europäischer Fahrzyklus
PKW	Personenkraftwagen
PV	Performance Value
SAPD	Speed Acceleration Probability Distribution = Wahrscheinlichkeitsverteilung für Geschwindigkeits-Beschleunigungs-Kombinationen
SOC	State of Charge = Ladezustand der Batterie
SSD	Sum Square Difference
TMDC	Taipei Motorcycle Driving Cycle
TSECC	TÜV SÜD Electric Car Cycle
WLTC	Worldwide harmonized Light duty driving Test Cycle

Formelzeichen

Lateinische Buchstaben

a	Formparameter der Gammaverteilung
a_x	Längsbeschleunigung
b	Skalierparameter der Gamamverteilung
A	Angeströmte Stirnfläche
c_ξ	Strömungswiderstandsbeiwert für Frontanströmung unter Anströmwinkel τ
c_w	Strömungswiderstandsbeiwert für Frontanströmung im Sonderfall Anströmwinkel $\tau = 0°$
e_i	Massenfaktor für rotatorische Trägheiten in Gang i
E_{Ges}	Gesamtenergie des Antriebs
f_R	Rollwiderstandsbeiwert
$F_{Räder}$	Über die Räder übertragene Kraft
F_Z	Vertikalkraft des Fahrzeugs
F_{Zug}	Gesamtzugkraft
i_A	Gesamtübersetzung des Antriebstrangs
k	Formparameter der Generalisierten Pareto-Verteilung
m_{Fzg}	Fahrzeugmasse
m_{Zu}	Zusatzmasse im Fahrzeug durch Zuladung und Passagiere
M_{Br}	Gesamtbremsmoment der Reibbremsen

M_G	Generatorisches Bremsmoment
M_{Motor}	Motormoment
M_{Rad}	Drehmoment am Rad
$M_{Räder}$	Gesamtdrehmoment an den Rädern
n_{Motor}	Motordrehzahl
P_{Ges}	Gesamtleistung des Antriebs
r_{dyn}	Dynamischer Rollradius
s	Integrationsvariable Weg
t	Integrationsvariable Zeit
v	Fahrgeschwindigkeit

Griechische Buchstaben

$\Gamma(x)$	Gamma-Funktion
η_A	Wirkungsgrad der Gesamtübersetzung des Antriebs
θ	Lageparameter der Generalisierten Pareto-Verteilung
μ	Mittelwert, Erwartungswert der Normalverteilung
ρ	Luftdichte
σ	Standardabweichung
σ_p	Skalierparameter der Generalisierten Pareto-Verteilung
τ	Anströmwinkel

1 Einleitung

1.1 Randbedingungen

Der motorisierte Individualverkehr in Europa wurde für ca. 100 Jahre maßgeblich durch verbrennungskraftgetriebene Personenkraftwagen (PKW) mit Otto- und Dieselmotor geprägt. In dieser Zeit haben die beiden Motorbauarten durch kontinuierliche Optimierungen ein Leistungsniveau erreicht, neben dem sich alternative Antriebsformen höchstens in einem Nischendasein behaupten konnten. Der Anteil von PKW mit Wankelmotor oder Flüssiggas bzw. komprimiertem Erdgas als Kraftstoff oder mit Elektroantrieb bewegt sich auf einem vernachlässigbar niedrigen Niveau. Entsprechend der am Markt etablierten Verhältnisse der Antriebsformen wurde auch der Infrastrukturausbau gestaltet. Während Benzin und Diesel in einem flächendeckenden Tankstellennetz quasi überall und jederzeit verfügbar sind, stellen Gastankstellen oder Elektroladesäulen noch die Ausnahmen dar.

1.1.1 Motivation für alternative Antriebe

Der globale Klimawandel mit einer Erhöhung der weltweiten Jahresdurchschnittstemperatur und damit einhergehenden weitreichenden Folgen für Klima und Wetter wurde als eine der zentralen Herausforderungen der Menschheit erkannt. Neben einem erwarteten Anstieg des Meeresspiegels durch Abschmelzen des Polareises wird die fortschreitende Desertifikation weiter Landstriche und die Zunahme der Häufigkeit und Intensität extremer Wetterphänomene als große Bedrohung wahrgenommen. Die anthropogenen Emissionen von klimaaktiven Gasen wie CO_2 werden in diesem Zusammenhang als wichtige Treiber der globalen Erwärmung angesehen [IPC14]. Folglich wird der Reduktion dieser Emissionen in allen Sektoren hohe Priorität eingeräumt, besonders auch im Verkehrssektor. Daher werden weltweit immer schärfere Emissionsgrenzen für Fahrzeuge eingeführt, um den Ausstoß von Schadstoffen und klimaaktiven Gasen im Rahmen der Weltklimaziele einzudämmen. Die dabei definierten Ziele für den Flottenverbrauch je Hersteller sind unter Beibehaltung der derzeitigen Dimensionen von PKWs ohne eine zumindest teilweise Elektrifizierung der Fahrzeuge nach aktuellem Stand der Technik kaum zu erreichen. Elektrische Antriebe bieten den Vorteil eines höheren Wirkungsgrads bei der Energiewandlung im Antriebsfall und die Möglichkeit der Rekuperation von Bremsenergie und Lageenergie. Darüber hinaus ist ihr Betrieb lokal emissionsfrei, was besonders in Ballungsgebieten und Megacities einen bedeutsamen Einfluss zur Steigerung der örtlichen Luftqualität haben kann. Die Gesamtemissionen von Elektrofahrzeugen im Betrieb werden durch die Art der Erzeugung der elektrischen Energie bestimmt. Bei rein regenerativer Stromerzeugung kann mit Elektrofahrzeugen eine quasi CO_2-neutrale motorisierte Individualmobilität realisiert werden [PFR14a].

Darüber hinaus bietet die Nutzung elektrischer Energie für die Fortbewegung die Chance, im Verkehrssektor weitgehend unabhängig vom Rohstoff Öl zu werden. Die Rohölreserven sind endlich und werden daher nicht für unbegrenzte Zeit zur Verfügung stehen. Weiterhin ist der Ölpreis starken Schwankungen unterworfen [TEC15b] und reagiert direkt oder indirekt auf politische Spannungen. Ein Großteil der Ölreserven und der momentanen Ölförderung fällt auf politisch eher instabile Regionen und Deutschland verfügt im Verhältnis zum Ölverbrauch nur über geringe nutzbare Reserven, weshalb eine größere Unabhängigkeit von Ölimporten auch zu einer Erhöhung der Versorgungssicherheit führen würde.

1.1.2 Ziel: 1 Mio. Elektro-PKW in 2020

Aus den genannten Gründen spielt die Einführung von Elektrofahrzeugen auch in der Klimastrategie der Bundesregierung eine wichtige Rolle. So wurde bereits im Jahr 2010 im Rahmen der Energiewende das offizielle Ziel definiert, dass sich bis zum Jahr 2020 eine Million Elektro-PKW auf Deutschlands Straßen befinden sollen [BUN10]. Um dieses Ziel zu unterstützen, wurde die Nationale Plattform Elektromobilität gegründet und eine Vielzahl von Forschungs- und Demonstrationsprojekten initiiert und gefördert, um den Reifegrad der Technologie zu erhöhen und für die Bevölkerung Berührungspunkte mit Elektrofahrzeugen zu schaffen. Viele dieser Projekte liefen im Rahmen der "Modellregionen Elektromobilität" oder der "Schaufenster Elektromobilität". Vergleichbare Programme wurden auch in anderen Ländern aufgelegt wie beispielsweise in Großbritannien mit dem Ultra Low Carbon Demonstrator Programme. Weiterhin haben Länder wie beispielsweise Frankreich, Norwegen, China und verschiedene Staaten der USA konkrete Kaufanreize für Elektrofahrzeuge gesetzt über direkte Bezuschussung des Kaufpreises oder Steuererleichterungen. Dennoch bewegen sich die Zulasungszahlen von Elektro-PKWs auf wichtigen Märkten auf einem vernachlässigbaren Niveau [CUL15].

1.2 Limitierte Leistungsfähigkeit von BEV

Im Gegensatz zu verbrennungskraftgetriebenen PKW haben batterieelektrische Fahrzeuge (BEV) derzeit in vielen Bereichen noch eine deutlich geringere Leistungsfähigkeit. Diese zeigt sich beispielsweise in der Höchstgeschwindigkeit. Durch die Charakteristik von elektrischen Maschinen schon beim Anlaufen aus dem Stand heraus ein hohes Drehmoment zur Verfügung zu stellen, kann im Einsatz im Fahrzeug auf die Kupplung verzichtet werden. Darüber hinaus decken die elektrischen Maschinen größere Drehzahlbereiche ab als im PKW-Serieneinsatz verwendete Verbrenner, weshalb häufig auf ein schaltbares Getriebe verzichtet wird. Somit wird die mechanische Komplexität des Antriebsstrangs deutlich reduziert. Bei nur einer festen Übersetzungsstufe muss nun jedoch ein Kompromiss zwischen Beschleunigungsvermögen und Endgeschwindigkeit gewählt werden, der oftmals in einer deutlich niedrigeren Endgeschwindigkeit als bei vergleichbaren Verbrennern resultiert. Das Hauptverbesserungspotential von BEV sehen Kunden derzeit in der Reichweite je Akkuladung [DÜT12]. Nach heutigem Stand der Technik sind sowohl die volumetrische als auch die gravimetrische Energiedichte von Fahrzeugbatterien um Größenordnungen von fossilen Energieträgern entfernt [BRA11]. Marktübliche Elektrofahrzeuge müssen daher mit Energiemengen auskommen, die nur etwa 1,5 – 3 l Benzin entsprechen. Somit resultieren trotz der deutlich höheren Effizienz des elektrischen Antriebsstrangs im Vergleich mit Otto- und Dieselmotoren erzielbare Reichweiten zwischen 120 und 200 km. Eine Vergrößerung der Batteriekapazität würde die Fahrzeuge jedoch deutlich schwerer und vor allem deutlich teurer machen, sodass darauf bis auf Ausnahmen im Luxussegment verzichtet wird.

1.2.1 Mehrpreisbereitschaft und Kostendruck

Dem Dilemma der derzeit verhältnismäßig teuren Batterietechnologe, die zu großen Teilen die Reichweite determiniert, steht auf der anderen Seite eine kaum vorhandene Mehrpreisbereitschaft bei den Kunden entgegen. Umfragen haben gezeigt, dass potentielle Elektrofahrzeugkunden nicht oder nur sehr eingeschränkt dazu bereit wären, für einen elektrischen Antrieb einen Aufpreis im Vergleich zu einem konventionellen Fahrzeug zu bezahlen [ARA11]. Noch geringer fällt die Mehrpreisbereitschaft bei Betreibern kommerzieller Fuhrparks aus, obwohl hier noch von einem positiven Image-Effekt für das Unternehmen ausgegangen werden kann, wenn Elektrofahrzeuge eingesetzt werden. In [CAL12] und [HÜB13] wurde gezeigt, dass höhere Kosten das hauptsächliche Kaufhindernis für die Einführung von elektrischen Nutzfahrzeugen in kommerziellen Flotten darstellen, wobei sich dies auch zu großen Teilen auf private Anschaffungen übertragen lässt.

1.2.2 Notwendigkeit präziser Dimensionierung

Aus diesem technischen und sozialen Spannungsfeld resultiert die unbedingte Notwendigkeit präziser Dimensionierung von Elektrofahrzeugen für ihren Einsatzzweck. Einerseits ist im Angesicht des Klimawandels ein gesamtgesellschaftliches Interesse an emissionsfreier bzw. emissionsarmer Individualmobilität vorhanden und von der Politik erkannt worden. Andererseits sind potentielle Kunden kaum bereit, mehr Geld für Elektrofahrzeuge auszugeben. Die technische Umsetzung von Elektrofahrzeugen erzeugt jedoch durch Leichtbauanforderungen und vor allem durch die Batterietechnologie derzeit noch höhere Kosten als dies bei vergleichbaren konventionellen Fahrzeugen der Fall ist. Das liegt auch an sich bisher noch wenig auswirkenden Skaleneffekten durch die vergleichsweise geringe Größe des Marktes für Elektrofahrzeuge. Der gewünschte Markthochlauf kann vor diesem Hintergrund also nur in erwarteter Geschwindigkeit stattfinden, wenn den Kunden Elektrofahrzeuge zu vergleichbaren oder nur leicht höheren Preisen angeboten werden können als Verbrenner. Dieses Kostenziel ist jedoch derzeit ohne Restriktion der technischen Leistungsfähigkeit nicht realisierbar. Gleichzeitig darf die Restriktion aber nicht so weit gehen, dass der Kundennutzen spürbar eingeschränkt wird, da das Elektrofahrzeug sonst selbst bei gleichem Preis keine gleichwertige Alternative zum Verbrenner mehr darstellen kann. Dieser Konflikt kann nur durch eine präzise Erforschung der Kundenbedürfnisse und Ableitung einer bedarfsgerechten Spezifikation daraus gelöst werden.

Darüber hinaus sollte auch aus ökologischer Sicht bei jeder Produktentwicklung ein effizienter Umgang mit Rohstoffen angestrebt und eine Überdimensionierung vermieden werden.

1.3 Kundenforderungen an Elektrofahrzeuge

Aus Kundensicht ist es üblich, ein Fahrzeug zu verlangen, das dem gesamten Mobilitätsspektrum gerecht wird. Hierbei muss jedoch beachtet werden, dass diese Forderung aus der Gewöhnung an eine quasi unlimitierte Reichweite erfolgt. In Bezug auf Ladekapazität oder Sitzplätze eines Fahrzeugs ist es allerdings normal, sich für seltene Ereignisse mit höherem Bedarf ein alternatives Fahrzeug zu leihen. Die Reichweitenforderung ist dennoch eher an den seltenen Fernverkehrsereignissen orientiert, obwohl der regelmäßige Bedarf gänzlich anders aussieht [PAR10]. Aus dieser Forderung heraus ist eine breite, öffentliche Reichweitendiskussion entstanden, die nach höherer installierter Kapazität verlangt, was teurere Batterien erfordert.

Gleichzeitig stellt, wie bereits diskutiert, ein zu hoher Kaufpreis ein entscheidendes Kaufhindernis dar, insbesondere im Fall der kommerziellen Nutzung. Daher ist es notwendig, sich für eine Fahrzeugauslegung am tatsächlichen Bedarf zu orientieren und diesen messtechnisch zu erfassen und nicht auf gewohnheitsbasierte Leistungsforderungen zurückzugreifen. Die Kostenziele sind dabei als Restriktion der Auslegung stets zu beachten.

1.4 Diversifizierung der Fahrzeugkonzepte

In der vergangenen Zeit zeichnet sich ein Trend in der Automobilindustrie ab, immer mehr Nischen mit spezifischen Fahrzeugmodellen zu besetzen, bzw. gänzlich neue Fahrzeugsegmente zu begründen. Das äußert sich beispielsweise schon in der schieren Modellanzahl, die Hersteller wie Audi heute im Programm haben, wo im Zeitraum zwischen 2005 und 2013 das Portfolio von 12 Grundmodellen und 13 Derivaten auf 24 Grundmodelle mit 47 Derivaten angewachsen ist. Mit dieser Programmvielfalt geht auch eine Diversifizierung der Fahrzeugkonzepte einher, die es ermöglicht, kundenspezifischere Lösungen anzubieten. Ein Fahrzeugnutzer in der Großstadt stellt üblicherweise andere Anforderungen als auf dem Land. Die Tendenz der stärkeren Diversifizierung der Fahrzeugkonzepte könnte sich noch dadurch verstärken, dass sich gleichzeitig – gerade unter jungen Großstädtern – ein immer stärkerer Trend zur Trennung von Fahrzeugnutzung und -eigentum zeigt [KUH11]. Moderne Car-Sharing Konzepte ermöglichen es, einfach, schnell und flexibel für jede Situation das passende Fahrzeug zu wählen wie den Kleinwagen für die Fahrt in der Innenstadt oder die komfortable Limousine für die Fahrt in den Urlaub.

Oberbaurat a. D. Adolf Klose hat bereits 1897 in seiner Antrittsrede als erster Präsident des „Mitteleuropäischen Motorwagen-Vereins“ in Anbetracht der damaligen Vielfalt an Antriebsarten formuliert, dass „das große Gebiet des weiten Landes von Ölmotorfahrzeugen durcheilt werden und die glatte Asphaltfläche der großen Städte ... von mit Sammlerelektrizität betrieben Wagen belebt sein wird“ [SEI09]. Nach langer Dominanz der Verbrennungsmotoren scheint diese Vision einer kontextsensitiven Nutzung der Antriebssysteme nun durch verstärkte Diversifizierung der Fahrzeugkonzepte und Bestrebungen der Elektrifizierung von PKWs wieder wahrscheinlicher zu werden.

Ein weiterer Grund für die Diversifizierung der Fahrzeugkonzepte ist neben Reichweitenanforderungen und den äußeren Dimensionen auch die Sitzplatzanzahl. Im Durchschnitt sind Fahrzeuge in Deutschland über alle Fahrtzwecke hinweg nur mit 1,5 Personen belegt [FOL10b], wofür ein kleiner, effizienter Zweisitzer ausreichend wäre. Für Urlaubsfahrten, Familienbesuche etc. liegt dieser Wert üblicherweise höher und erfordert andere Konzepte.

1.4.1 Hybride Haushalte und Fuhrparks

Die Diversifizierung der Fahrzeugkonzepte ist jedoch keine neue Entwicklung, sondern erfährt derzeit nur eine Intensivierung, denn in Mehrpersonenhaushalten ist schon heute häufig mehr als ein Fahrzeug vorhanden [FOL10b]. Nur selten sind hier Fahrzeuge des gleichen Segments zu finden. Üblicher sind sog. Hybride Haushalte, in denen ein größeres Fahrzeug und ein Kleinwagen vorhanden sind. Der Kleinwagen wird hier meist aus der wirtschaftlichen Raison heraus gewählt und für die Mobilität im näheren Umfeld eingesetzt. Fernverkehrsereignisse werden im Normalfall mit dem komfortableren, größeren Fahrzeug erledigt. In Hybriden Haushalten stellt die Reichweitenrestriktion eines Fahrzeugs daher kein wichtiges Kaufhindernis dar [KUR96].

Neben diesen privaten "Kleinstfuhrparks" sind kommerzielle Fuhrparks ein prädestiniertes Einsatzfeld für eine Diversifizierung der Fahrzeugkonzepte. Für Firmen mit einheitlichem Einsatzfeld eignen sich homogene Fuhrparks identischer Fahrzeugtypen. Beispiele hierfür sind Pflegedienste oder auch Lieferdienste. Viele Unternehmensfuhrparks zeigen jedoch heterogene Mobilitätsanforderungen, die am effizientesten mit einem gemischten Fuhrpark bedient werden können. Unternehmen, bei denen der größte Teil der Dienstfahrten im Nahbereich, aber auch ein Teil im Fernbereich anfällt, können die Gesamteffizienz des Fuhrparks dadurch steigern, eine entsprechende heterogene Fahrzeugmischung herzustellen zwischen sparsamen und emissionsarmen Fahrzeugen für die Nahmobilität und größeren, komfortableren Fahrzeugen für Fernverkehrsereignisse [PFR13]. Für die Nahmobilität sind Elektrofahrzeuge prädestiniert und helfen, durch geringe variable Kosten bei entsprechender Auslastung auch die finanzielle Gesamteffizienz zu steigern.

1.4.2 Megatrend Urbanisierung

Ein weiterer Grund für die Entwicklung kleiner, lokal emissionsfreier Fahrzeuge ist in der zunehmenden Urbanisierung zu sehen. Der Anteil der Weltbevölkerung, der in Städten wohnt, soll bis 2050 auf ca. 66 % ansteigen [UNI14]. Hierfür werden nicht vornehmlich Fahrzeuge mit großer Reichweite, sondern mit einer guten Ausnutzung der Verkehrsfläche benötigt. Daneben spielen die Geräuscharmut und die lokale Emissionsfreiheit von Elektrofahrzeugen in der Stadt eine weitaus größere Rolle als im gemischten Betrieb, da sie die Belastungen durch den Verkehr für die Stadtbevölkerung erheblich reduzieren können.

1.5 Marktpotential gewerblicher Flotten

Eine bedarfsgerechte Auslegung von Elektrofahrzeugen kann dazu führen, dass mehr Privatpersonen Elektrofahrzeuge kaufen, da ihnen diese bedarfsgerechten Fahrzeuge attraktiver erscheinen. Ca. 62 % der Fahrzeugneuzulassungen in Deutschlang geschehen jedoch durch gewerbliche Halter [KRA15b]. Diese Statistik ist zwar leicht durch Tageszulassungen verzerrt, jedoch kann davon ausgegangen werden, dass bis zu 60 % der in Deutschland zugelassenen Neuwagen zunächst tatsächlich gewerblich genutzt werden [GLO13]. Erst nach ein paar Jahren gelangen diese Fahrzeuge als Gebrauchtwagen das erste Mal in das Eigentum von Privatpersonen. In Summe sind 27 % der gesamten mit KFZ gefahrenen Strecke in Deutschland auf den Wirtschaftsverkehr zurückzuführen [WER12b]. Deshalb ist es von entscheidender Bedeutung für die Markteinführung einer neuen Fahrzeugtechnologie, diese für kommerzielle Halter attraktiv zu machen. Darüber hinaus könnte ein Multiplikatoreffekt eintreten, denn kommerziell genutzte Fahrzeuge werden von Personen gefahren, die häufig privat auch ein Fahrzeug besitzen. Wenn diese im täglichen Gebrauch bei der Arbeit die Vorzüge von Elektrofahrzeugen schätzen lernen, steigt dadurch die Wahrscheinlichkeit, beim nächsten privaten Autokauf ein Elektrofahrzeug in Erwägung zu ziehen. Gerade mit Flottenfahrzeugen, die einem größeren Fahrerkreis zur Verfügung stehen, lassen sich so mit einem Fahrzeug viele Fahrer erreichen. Kommerzielle Flotten sind der Markt, der derzeit als besonders aussichtsreich für Elektrofahrzeuge angesehen wird [WIM15], weshalb einem Fahrzeugdesign hierfür eine besondere Bedeutung in der Entwicklung der Elektromobilität zukommt.

1.6 Akzeptanz neuer Entwicklungen

Dass sich Elektrofahrzeuge derzeit nur sehr langsam am Markt durchsetzen, hängt nicht nur mit deren Leistungsfähigkeit zusammen. Vielmehr stehen auch psychologische Effekte dahinter, die eine generelle Skepsis strukturellen Neuerungen gegenüber verursachen, wie sie auch bei der Einführung von Straßennutzungsgebühren [SCH07] oder des Euro [GRE01] aufgetreten sind. In den Studien konnte jedoch auch nachgewiesen werden, dass die Akzeptanz nach Einführung signifikant gestiegen ist. Theoretisch erklärt werden kann dies mit der Theorie der Kognitiven Dissonanz [FES85]. Sie besagt, dass Personen nach einem Gleichgewicht ihres kognitiven Systems streben und aus der psychologischen Inkonsistenz relevanter Systembestandteile Dissonanz entsteht. Die Personen streben jedoch danach, den aus der Dissonanz resultierenden Spannungszustand abzubauen und somit wieder mehr Harmonie herzustellen. Übertragen auf die Einführung von Neuerungen bedeutet dies, dass mit der Einführung auch eine Anpassung des Meinungsbildes stattfindet, um die Dissonanz zu reduzieren. Die Akzeptanz der Neuerung steigt somit. Bezogen auf die Einführung von Elektrofahrzeugen bedeutet dies, dass bei Erreichen einer kritischen Masse an Fahrzeugen die Akzeptanz der Technologie in der Bevölkerung steigen sollte, was weiteres Marktwachstum bewirkt, weshalb es unbedingt nötig ist, diese kritische Masse zu erreichen.

2 Stand der Forschung

Der Gedanke einer bedarfsgerechten Auslegung von Fahrzeugen ist generell nicht neu, da ein am Kundenbedarf orientiertes Produkt prinzipiell das Potential für einen größeren Markterfolg bietet. Daher finden sich in der Literatur eine Vielzahl von Arbeiten zu diesem Thema. Insbesondere die Limitierungen der Elektrofahrzeuge haben das Interesse daran in den vergangenen Jahren belebt, aber auch schon zu Beginn der breiten Einführung von Hybridantrieben hat sich das Zusammenspiel der beiden Antriebe als geeignetes Anwendungsfeld einer bedarfsgerechten Entwicklung gezeigt.

So wurde in [VOL95] bereits vor ca. 20 Jahren das Einsparpotential durch die Hybridisierung eines Dieselantriebs mit einer zusätzlichen elektrischen Maschine diskutiert. Es finden sich auch zahlreiche Arbeiten in der Literatur, die sich mit der Notwendigkeit einer bedarfsgerechten Auslegung von Elektrofahrzeugen auseinandersetzen. Üblicherweise handelt es sich dabei jedoch um methodische Arbeiten, deren Schwerpunkt in der Werkzeugentwicklung liegt. Die empirische Grundlage, um konkrete Ergebnisse abzuleiten fehlt hierbei zumeist. In [MAT13] wird eine Methodik präsentiert, um frühzeitig den Einfluss des Fahrzeuggewichts auf die Fahreigenschaften abzuschätzen und dies in einer nutzerorientierten Auslegung zu optimieren, da das Gewicht als zentraler Faktor auf des Fahrzeugkonzepts identifiziert wurde.

Das Spannungsfeld der verschiedenen Fahrzeugcharakteristika wie Kosteneffizienz und Reichweite auf Basis von Kundenbefragungen wird in verschiedenen Arbeiten aufgezeigt und Vorschläge zur Handhabung der Zielkonflikte erarbeitet wie beispielsweise in [WIE12] oder [LES13].

In [NIE14] wird eine exemplarische bedarfsgerechte Auslegung eines Hybridfahrzeugs demonstriert. Die empirische Grundlage hierbei ist jedoch nur als beispielhaft zu betrachten und der Schwerpunkt der Arbeit ist die simulative Validierung. Zudem erfolgt eine sehr starke Fokussierung auf den Verbrauch.

Weiterhin wird speziell bei der Auslegung von Hybridfahrzeugen versucht, ein Kostenoptimum durch bestmögliche Ausnutzung der installierten Batteriekapazität zu erreichen [RED14].

Ein anderer gewählter Ansatz [EGH14] ist es, auf empirische Daten zur Nutzung von konventionellen Fahrzeugen zurückzugreifen und unter der Annahme vernachlässigbarer Nutzungsunterschiede auf dieser Datenbasis eine simulative Topologieoptimierung von Elektrofahrzeugen durchzuführen.

In [REI11] wird eine Methodik zur Erfassung des Kundenfahrverhaltens in verschiedenen Fahrzeugsegmenten entwickelt, um dies in den Fahrzeugentwicklungsprozess einfließen zu lassen. Daneben wird eine Methodik zur Ableitung von Fahrzyklen entwickelt. Der Fokus liegt auf der Eignung zur Bewertung von Maßnahmen zur Verbrauchsreduzierung von Verbrennern im Kundenbetrieb.

Zugrunde liegende empirische Auswertungen werden jedoch häufig in hoch aggregierter Form betrieben, sodass ein erheblicher Informationsverlust einhergeht oder es wird auf aus der Literatur verfügbare bereits stark verdichtete Informationen zurückgegriffen, was eine bedarfsgerechte Auslegung auf einer solchen Basis nicht mehr sinnvoll möglich macht. In [SCH13c] soll eine exemplarische Auslegung eines elektrischen Fahrzeugs für Megacities in Asien vorgenommen werden. Hierbei werden jedoch nur Mittel- und Maximalwerte von Kenngrößen wie Fahrtdistanz und Fahrthäufigkeit zu Grunde gelegt. Da diese Größen aber üblicherweise nicht normalverteilt sind, sondern schiefe Verteilungen mit starken Ausreißern zu Grunde liegen, ist der Mittelwert nicht zufriedenstellend geeignet, die Lage des Datensatzes zu beschreiben [SCH95], [REA82] (siehe 7.1.2). Hier wäre zumindest der Median als robuster Lageparameter das geeignetere Maß. Da auch der Maximalwert direkt auf jeden hohen Ausreißer reagiert, sind die gewählten Kenngrößen nicht ausreichend genau, um die Datengrundlage zu beschreiben und daher auch keine valide Basis für eine bedarfsgerechte Auslegung.

Andere Arbeiten, die eine Auslegungsbasis für Elektrofahrzeuge liefern und auf empirischen Daten basieren, fokussieren sich üblicherweise auf Eckwerte der Mobilität wie die Reichweite oder den Energiebedarf [KLA10], [PEA11]. Kundenrelevante fahrdynamische Auslegungsgrößen werden hier nicht behandelt.

Ein Schwerpunkt der bedarfsgerechten Auslegung lag bisher traditionell im Bereich Betriebsfestigkeit, wo zunächst versucht wurde, die Kundenbelastungen durch den Realbetrieb zu quantifizieren und daraus Schädigungsprofile abzuleiten [HOR02], [PÖT11], [KIE07]. Außerdem finden sich auch Arbeiten, die sich generell mit der Theorie der Erprobung mit Ziel der Fahrzeugzuverlässigkeit beschäftigen [UNG09].

Daneben existieren Arbeiten, die einen Überblick über Methoden der Einbindung des Kunden in den Produktentwicklungsprozess zur Erhöhung seiner Zufriedenheit geben wie z.B. [SCH06], wobei hier üblicherweise direkt geäußertes Feedback betrachtet wird.

Der Autor konnte jedoch keine Arbeiten identifizieren, die sich auf Basis einer ausreichenden empirischen Grundlage mit der bedarfsgerechten Auslegung von Elektrofahrzeugen für den kommerziellen Flotteneinsatz befassen und dabei neben reinen Basiswerten der Mobilität wie Reichweite und Nutzungshäufigkeit auch fahrdynamisch relevante Parameter wie Beschleunigungsvermögen und Geschwindigkeitsverläufe berücksichtigen, um neben der reinen Mobilitätsanforderung auch eine hohe Nutzerzufriedenheit zu gewährleisten. Neben explizit in Befragungen erfassbaren Anforderungen wie gewünschter Reichweite geht es dabei auch zentral um die Fahrzeugeigenschaften, die der Kunde üblicherweise nicht direkt benennen kann und deren Anforderungen nur implizit durch das an den Tag gelegte Nutzungsverhalten geäußert werden. Diese können ausschließlich durch die geeignete Analyse von Nutzungsdaten zuverlässig bestimmt werden.

Wie bereits erwähnt, sind die Resultate vieler Studien in hoch aggregierter Form verfügbar, wobei sich auf Kennwerte wie Mittelwert und Minimum und Maximum beschränkt wird, um Merkmalsverteilungen zu beschreiben. Eine Betrachtung der Verteilungsart wird dabei jedoch üblicherweise nicht vorgenommen. Für die Einbindung von real gezeigter Mobilität in Simulationsumgebungen ist es jedoch erforderlich, korrekte Kenntnis der zu Grunde liegenden Verteilungen zu haben, um valide Ergebnisse generieren zu können. Eine Normalverteilungsannahme ist für die Mehrzahl der Mobilitätskennwerte abzulehnen, da es sich um schiefe Verteilungen handelt.

2.1 Mobilitätsstudien

In vielen Ländern werden regelmäßig oder unregelmäßig nationale Mobilitätsstudien durchgeführt [DE 07]. Bekannte Vertreter sind beispielsweise „Mobilität in Deutschland“ [INF15] als Befragung von 50000 deutschen Haushalten, die „Enquête nationale transports et déplacements (ENTD)“ [MIN10] als große Befragung in Frankreich, die „National Household Travel Survey (NHTS)“ [U.S15] als regelmäßige nationale Mobilitätsbefragung der USA und die „National Travel Survey“ [UK 14] in Großbritannien.

Darüber hinaus gibt es neben nationalen auch thematische oder ordnungspolitische Schwerpunkte für Mobilitätsstudien. So wurden in „Kraftfahrzeugverkehr in Deutschland 2010“ [WVI12] nur Kraftfahrzeuge aus dem Modalmix gegriffen und ein Fokus auf den Wirtschaftsverkehr gelegt. Die Studie „Mobilität in Städten – SrV“

[TEC15a] untersucht im Speziellen die Mobilität in Städten. Daneben gibt es zahlreiche weitere thematisch orientierte Studien, deren vollständige Nennung im Rahmen der Arbeit nicht zielführend ist.

Grundsätzlich lassen sich Mobilitätsstudien anhand der Erhebungsart in Querschnitts- und Längsschnittuntersuchungen gliedern.

2.1.1 Querschnittsuntersuchungen

Das Ziel von Querschnittsuntersuchungen ist es, eine statistisch valide Basis durch einmalige Befragung einer breiten Stichprobe zu erhalten. Dabei ist darauf zu achten, dass die Stichprobe möglichst repräsentativ für die zu untersuchende Gruppe ist. Die Datenerfassung erfolgt üblicherweise anhand eines Fragebogens, den jeder Studienteilnehmer ausfüllt oder dessen Inhalt per Telefoninterview abgefragt wird.

Der Vorteil dieser Methode liegt darin, dass es durch die recht simple Befragungsmethodik möglich ist, eine große Grundgesamtheit in die Erhebung einzubeziehen. Nachteilig wirkt sich jedoch aus, dass die einmalige Befragung nicht geeignet ist, um Entwicklungen im beobachteten Verhalten zu identifizieren und dass sich saisonale Einflüsse verzerrend auswirken können. Darüber hinaus ist die Datenqualität abhängig von der Genauigkeit, mit der die Befragten die Informationen angeben. Gerade bei Kenngrößen, die im Normalfall nicht bewusst reflektiert werden, wie beispielsweise die Fahrtanzahl pro Tag, können sich so deutliche Abweichungen zur Realität ergeben.

Beispiele für Querschnittsuntersuchungen sind [FOL10a] oder [SOM11].

2.1.2 Längsschnittuntersuchungen

Längsschnittuntersuchungen beobachten eine definierte Gruppe über einen längeren Zeitraum. Dies kann entweder durch kontinuierliche Erfassung oder im Fall einer Paneluntersuchung zu verschiedenen zeitlich diskreten Punkten erfolgen. Wichtig ist hierbei, dass es sich um die gleichen Personen handelt. Somit kann die zeitliche Entwicklung der gewählten Größen erfasst werden. Darüber hinaus bietet ein längerer Beobachtungszeitraum auch die Möglichkeit, saisonale Schwankungen auszugleichen oder gezielt zu identifizieren. Der Nachteil diese Erhebungsart liegt im höheren Aufwand, sodass hierbei üblicherweise kleinere Gruppen als bei einer Querschnittsuntersuchung untersucht werden. Bei ausreichend repräsentativer Auswahl der Gruppe lässt sich durch die lange Aufzeichnung jedoch eine valide Datengrundlage erhalten, die das Verhalten der repräsentierten Gruppe aussagekräftig wiedergeben kann.

Zur manuellen, systematischen Erfassung von grundlegenden Mobilitätsgrößen wie Start- und Endpunkt sowie Distanz einer Fahrt kann hier auf Fahrttagebücher zurückgegriffen werden, wobei diese nur für eher kurze Zeiträume zu empfehlen sind. Zur kontinuierlichen Erfassung über Monate hinweg sollte auf automatische Datenlogger zurückgegriffen werden.

Beispiele für Längsschnittuntersuchungen sind [IFV15] als Paneluntersuchung oder [FRA15] als Beobachtung über einen Zeitraum.

2.2 Flottenversuch und Naturalistic Driving

Im Rahmen des FESTA Projekts [FES08] wurde ein Flottenversuch als Studie beschrieben zur Evaluation von Funktionen unter normalen Betriebsbedingungen in üblichen Umgebungen unter Zuhilfenahme quasi-experimenteller Methoden. Ursprünglich wurde diese Methode eingesetzt, um neuartige Systemkomponenten wie beispielsweise Bremsassistenzsysteme im Realbetrieb zu erproben. In jüngster Zeit wurde jedoch eine Vielzahl von Studien zur Erprobung von Elektrofahrzeugen unter realen Einsatzbedingungen durchgeführt. Dabei ging es nicht um die Untersuchung der Funktion einzelner Systemkomponenten, sondern um das Gesamtsystem. Somit ist die Grenze zur Methodik der Naturalistic Driving Studie zunehmend verwischt, bei der es darum geht, das Realfahrverhalten möglichst ohne experimentelle Beeinflussung zu erfassen. Beiden gemeinsam sind jedoch die Ausrüstung einer Vielzahl von Fahrzeugen, der Flotte, mit Messtechnik und die Untersuchung über einen längeren Zeitraum. Die Flotte kann hierbei einer einzelnen Organisation zugeordnet sein, wie beispielsweise einem betrieblichen Fuhrpark oder auf verschiedene Nutzer verteilt sein.

2.2.1 Verwendete Messtechnik

Die kontinuierliche Erfassung von Fahrtmerkmalen über einen längeren Zeitraum erfordert eine automatische Datenerfassung. Daher werden in Flottenversuchen festverbaute oder mobile Datenlogger eingesetzt, die eine fahrtweise Aufzeichnung verschiedener Kennwerte ermöglichen. Festverbaute Datenlogger haben im Regelfall Zugriff auf Informationen aus dem Fahrzeugbussystem und können somit Signale direkt aus der Steuergerätekommunikation abgreifen. Mobile Systeme haben maximal über Steckverbindungen Kontakt zum Fahrzeug, beispielsweise zur Stromversorgung oder um Kennwerte über den Diagnosestecker abzugreifen. Der Schwerpunkt liegt jedoch in der Aufzeichnung von Kennwerten zur Fahrt, die auf der Auswertung des GPS-Signals basieren. Üblicherweise verfügen Datenlogger bereits über Logikkomponenten zur Vorverarbeitung von Signalen, beispielsweise um Histogramme zu erstellen. Ein weiteres Merkmal ist die Art des Auslesens der Daten. Im simpelsten Fall handelt es sich um den manuellen Austausch eines Wechseldatenträgers, was einen regelmäßigen organisatorischen Aufwand bedeutet. Daher haben viele Systeme Funkschnittstellen integriert, um die Daten regelmäßig über Mobilfunkverbindungen an Server-Backends zu verschicken. Somit wird ein zeitlich quasi unlimitierter Betrieb ohne Speicherüberlauf ermöglicht.

2.2.2 Beispiele für Studien

Im Rahmen der Modellregionen Elektromobilität wurde in Deutschland eine Vielzahl von Flottenversuchen zur Erprobung und Demonstration von Elektrofahrzeugen durchgeführt [TEN12]. Der Fokus der Analyse von Flottenfahrzeugen lag hier auf den Vor- und Nachteilen, die Elektrofahrzeuge für Flottenbetreiber bieten und auf der Integration in bestehende Fuhrparks [NOW15]. Die Analyse der Weiterentwicklungsmöglichkeiten war auf Eckwerte der Mobilität wie Fahrtstrecke- und Dauer sowie den Energieverbrauch konzentriert [NOW15]. Leistungsmerkmale wie Beschleunigungsvermögen und Fahrgeschwindigkeit wurden vorwiegend qualitativ durch Nutzerbefragung ausgewertet [GLO13]. Eine Zusammenfassung der Resultate findet sich in [GRA15].

In Großbritannien wurde ein ähnliches Projekt mit Flottenversuchen zur Förderung der Elektromobilität durchgeführt unter dem Titel „Ultra Low Carbon Vehicle Demonstrator Trial". Beispiele für Flottenversuche dort sind die Cenex Smart Move Case Study [CAR11], das CABLED Projekt [COV11] oder der Switch EV Trial [HÜB13].

Weitere Flottenversuche zur Erprobung der Elektromobilität wurden in den vergangenen Jahren in vielen Ländern durchgeführt wie beispielsweise in den USA [ECO13], China [SAF15], [CAI13], Frankreich [GAG10], Schweden [KAR13] und den Niederlanden [BAE13]. Grundsätzlich geht die Methode, unverfälschtes Fahrverhalten über einen längeren Zeitraum in einer größeren Flotte von Fahrzeugen im Rahmen einer Naturalistic Driving Studie aufzuzeichnen, auf die „100-Car Naturalistic Driving Study" [NAT06] aus dem Jahr 2001 zurück [NEA09] und ist seitdem ein weit verbreitetes Standard-Instrument. Eine Nennung aller Flottenversuche zur Elektromobilität würde daher den Rahmen der Arbeit sprengen.

2.3 Fahrprofile

Für die Klassierung von Fahrprofilen sollte zunächst zwischen privater und gewerblicher Nutzung unterschieden werden, da sich hieraus teilweise große Abweichungen in Umfang und Regelmäßigkeit der Nutzung ergeben.

2.3.1 Private Nutzung

Die Nutzung von privaten PKWs hängt zunächst davon ab, ob es sich um das einzige Fahrzeug im Haushalt handelt oder ob noch weitere vorhanden sind. Bei nur einem Fahrzeug wird dies üblicherweise für alle Mobilitätsanforderungen außer für Fernreisen, bei denen Flugzeuge bevorzugt werden, herangezogen. Daher treten einzelne Nutzungsspitzen auf, bei denen die Tagesfahrleistung deutlich von normalen Tagen abweicht.

Sind in einem Haushalt jedoch mehrere Fahrzeuge vorhanden, so findet häufig eine Differenzierung im Rahmen dieses privaten Kleinstfuhrparks statt. In vielen Fällen wird von Erst- und Zweitwagen gesprochen, wobei es sich bei dem Erstwagen im Regelfall um ein Fahrzeug eines größeren Segments als beim Zweitwagen handelt. Somit wird bei Fernverkehrsereignissen des Haushalts aus Komfort- und Platzgründen üblicherweise auf den größeren Erstwagen zurückgegriffen. Zweitwagen weisen dadurch ein regelmäßigeres Streckenprofil auf als Erstwagen oder einzige Fahrzeuge eines Haushaltes, da sie seltener für die Fernverkehrsmobilität herangezogen werden und legen größere Streckenanteile in urbanen Geschwindigkeitsbereichen zurück [REI08]. In [KUR96] wurde die Hypothese der „Hybriden Haushalte" aufgestellt, die besagt, dass Haushalte, die sich für Elektrofahrzeuge entscheiden, eine willentliche Differenzierung ihres Fuhrparks vornehmen, um die Vorteile beider Antriebssysteme zu nutzen. Diese Hypothese lässt sich jedoch auch auf die klassische Nutzung von Erst- und Zweitwagen, wie sie hier beschrieben wurde, übertragen. Die Vorteile des Zweitwagens sind dabei in vielen Fällen in der Kompaktheit und Eignung für den Stadtverkehr sowie zentral in einer besseren Kostenstruktur als der des Erstwagens zu sehen, da der Kaufpreis häufig das wichtigste Kriterium im Entscheidungsprozess für kleine Fahrzeuge ist [PLÖ14].

Generell kann eine Segmentabhängigkeit der jährlichen Laufleistung beobachtet werden, weil kleine Fahrzeuge häufig für den primären Kurzstreckeneinsatz angeschafft werden und größere Fahrzeuge von Nutzern mit höherem Langstreckenanteil bevorzugt werden. Mit der Fahrzeuggröße steigt demnach tendenziell die jährliche Laufleistung und der Fernverkehrsanteil [REI11].

Dies macht derzeit im ersten Schritt besonders die kleinen Fahrzeuge und die Zweitwagen zu geeigneten Kandidaten, um durch Elektrofahrzeuge ersetzt zu werden.

2.3.2 Gewerbliche Nutzung

Generell bieten gewerbliche Flotten gegenüber der Privatnutzung häufig den Vorteil der besseren Planbarkeit der Fahrstrecken und des Reichweitenbedarfs [SCH10]. Der Grund liegt darin, dass die Fahrzeuge nicht wie im Privaten flexibel für jegliche Nutzung zur Verfügung stehen müssen, sondern als Investitionsgut zur Erfüllung der Betriebsaufgabe eingesetzt werden. Hieraus ergeben sich homogenere Anforderungen. Darüber hinaus wird in kommerzieller Nutzung für Fernverkehrsereignisse häufig auf Bahn- und Flugreisen zurückgegriffen, um die Reisezeit als Arbeitszeit nutzen zu können oder ein erholteres Ankommen des Reisenden zu gewährleisten.

Die Nutzung von gewerblichen Fahrzeugen ist jedoch je nach Branche und Einsatzkontext stark differenziert. Während im Liefer- und Pflegedienst oder der Postzustellung oft täglich identische Routen gefahren werden, ist die Nutzung eines Notdienstfahrzeugs für den technischen Außendienst dagegen äußerst heterogen. Neben der Regelmäßigkeit des Einsatzes prägen sich auch Einsatzräume in einem breiten Spektrum aus. Die Fahrzeuge von Vertretern und Außendienstangestellten werden häufig in großen Arealen bis hin zu internationaler Nutzung eingesetzt. Im Gegenzug werden die Fahrzeuge in regional fokussierten Betrieben in diesem Kontext üblicherweise in sehr begrenzten Gebieten genutzt.

Gemeinsam ist gewerblich genutzten Fahrzeugen jedoch, dass für das Flottenmanagement im Regelfall vor Anschaffung planbar ist, ob es sich um ein Fahrzeug für regelmäßige Routen oder den flexiblen Einsatz und um eine Nutzung im Nah- oder auch im Fernbereich handelt. Daher kann der Reichweitenbedarf und somit die Eignung des Anwendungsfalls für elektrische Antriebe gut abgeschätzt werden.

2.4 Eignung für Fahrzeugentwicklung

Anforderungen an Produkte, die der Kunde nicht direkt wahrnimmt oder nicht quantifizieren und verbalisieren kann, müssen mit Methoden der Kundenbeobachtung bestimmt werden [SCH06]. Daher können Kenngrößen wie ein täglicher Reichweitenbedarf vermutlich noch korrekt per Befragung ermittelt werden, wenn dem Kunden ausreichend Gelegenheit zur Reflexion des Mobilitätsverhaltens oder eine methodische Hilfe wie ein Mobilitätstagebuch zur Erstellung eigener Statistiken zur Verfügung gestellt werden. Solche Werte, die die Art und Weise der Nutzung berücksichtigen, können jedoch per Befragung nur unzureichend erfasst werden, da sie sich dem Kunden teilweise nicht bewusst erschließen oder nicht in ausreichender Genauigkeit geäußert werden können. Für die bedarfsgerechte Auslegung dieser Parameter ist daher eine Kundenbeobachtung unumgänglich. Die vorzuziehende Methode dafür ist die Naturalistic Driving Studie, da mit ihr eine Vielzahl von Kunden über einen statistisch repräsentativen Zeitraum erfasst wird. Die dauerhafte Aufzeichnung über einen längeren Zeitraum minimiert auch Verzerrungen durch Verhaltensadaption durch das Gefühl beobachtet zu werden, die bei einzelnen Messfahrten zu erwarten sind, da der Datenlogger normal wird bzw. dessen Präsenz vergessen wird. Ein weiterer Vorteil der Kundenbeobachtung ist, dass es sich um ein objektives Verfahren handelt, bei der die Auswertung auf Basis physikalischer Messwerte erfolgt und nicht wie eine Befragung auf der subjektiven Einschätzung der Probanden fußt.

Bisherige Arbeiten zur bedarfsgerechten Fahrzeugauslegung haben die Modalwerte der Nutzung auf Gesamtfahrzeugebene weitestgehend außer Acht gelassen. Der Fokus lag hierbei in jüngster Zeit vermehrt auf energetischen Optimierungen [EGH14], [REI11].

Die Modalwerte sind jedoch ein entscheidender Faktor für die Kundenzufriedenheit und z.B. mangelndes Beschleunigungsvermögen kann als sehr störende Limitation wahrgenommen werden, obwohl das Fahrzeug den grundsätzlichen Streckenbedarf abdeckt.

Die Eckwerte der Mobilität wirken wie Binärvariablen in der Fahrzeugwahl. Entweder ein Fahrzeug kann die Reichweiten- oder Platzanforderungen erfüllen oder nicht. Daher müssen diese mit besonderer Sorgfalt dimensioniert werden. Die Modalwerte hingegen entscheiden über das Fahrerlebnis und wirken sich somit direkt auf die Zufriedenheit des Nutzers aus. Sie ermöglichen darüber hinaus eine Differenzierung im Markt beispielsweise hin zu mehr Luxus oder zu mehr Sportlichkeit. Eine gewisse Überdimensionierung kann hier also beispielsweise für Premiumfahrzeuge durchaus erwünscht sein, um sich durch Leistungsreserven vom Wettbewerb abzuheben.

2.5 Ziele der Arbeit

Hauptziel der Arbeit ist es, ein tiefgehendes Verständnis der Nutzung von Elektrofahrzeugen im gewerblichen Kontext zu erarbeiten. Hierbei soll entgegen sonst üblicher Studien besonders auf die Eignung als Grundlage für eine bedarfsgerechte Fahrzeugauslegung geachtet werden. Dazu werden neben Basisgrößen der Mobilität wie Fahrtweite und Fahrthäufigkeit besonders auch solche Kenngrößen hervorgehoben, die die Art und Weise der Nutzung beschreiben wie Geschwindigkeitsprofil oder Beschleunigungsverhalten, da sich diese bei Untererfüllung direkt auf die Kundenakzeptanz auswirken. Diese sollen als Grundlage für die Auslegung des Antriebssystems dienen. Dabei werden auch alle relevanten Kennwerte für eine transportökonomische Betrachtung der Mobilität geliefert.

Daneben soll die Analyse der Längsdynamik allgemeine Erkenntnisse zu Beschleunigungs- und Verzögerungsverhalten im Realbetrieb bringen. Diese bieten neben der Fahrzeugentwicklung auch einen wertvollen Input für die Verkehrsplanung, um Simulationsmodelle des Verkehrsflusses weiter zu detaillieren oder Ampelschaltungen zu optimieren.

Darüber hinaus werden Realfahrzyklen erarbeitet, um die Kundennutzung statistisch gerafft abzubilden. Diese können als Grundlage für zukünftige Untersuchungen an Prüfständen zur Bestimmung und Optimierung des Verbrauchsverhaltens dienen. Weiterhin ist ein Fahrzyklus auch eine geeignete Form der Beschreibung des beobachteten Fahrverhaltens und dient daher zur direkten Ableitung von Entwicklungsanforderungen.

Im Abschluss wird aus den Erkenntnissen eine bedarfsgerechte Fahrzeugauslegung abgeleitet und deren potentieller kommerzieller Erfolg im gewerblichen und privaten Bereich anhand von weiteren allgemeinen Mobilitätsstudien abgeschätzt.

3 Empirische Basis

Die empirische Datengrundlage wurde mittels einer grenzüberschreitenden Naturalistic Driving Studie mit Elektrofahrzeugen im Rahmen des Projekts CROME – CROss-border Mobility for EVs (Grenzüberschreitende Mobilität für Elektrofahrzeuge) aufgebaut.

3.1 Struktur der Studie

Eines der wissenschaftlichen Kernziele war die Auswertung des Nutzungsverhaltens mit Elektrofahrzeugen im alltäglichen Einsatz in kommerziellen Flotten. Weitere Informationen zum Projekt finden sich in [SCH15]. Der Beobachtungszeitraum umfasste je nach Fahrzeugtyp zwischen ein und fast drei Jahren, um eventuelle jahreszeitliche Schwankungen auszugleichen und einen statistischen Längsschnitt zu ermöglichen. Das Projektgebiet, und die räumliche Nutzung der Fahrzeuge sind in Abbildung 1 zu sehen, wobei dunklere Farben für eine häufigere Befahrung des Areals stehen.

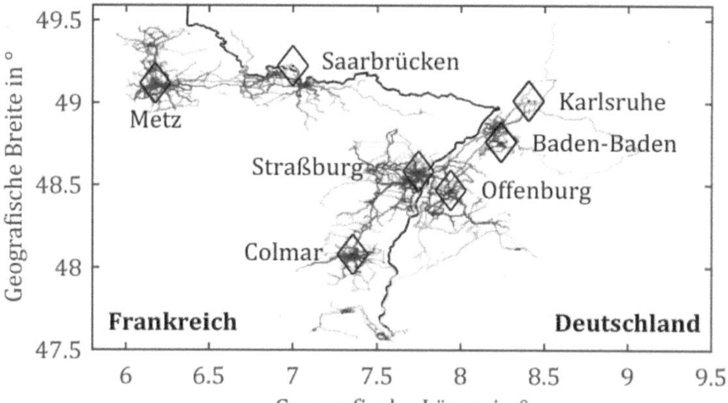

Abbildung 1: Projektgebiet mit Fahrzeugeinsatz

3.1.1 Flottenstruktur

Die Fahrzeuge der Studie wurden per Leasing dauerhaft für den Projektzeitraum an kommerzielle Nutzer vergeben. Die Leasingnehmer waren hierbei kleine und mittelständische Unternehmen, sowie Behörden und andere kommunale Einrichtungen der öffentlichen Verwaltung. Die meisten Fahrzeuge wurden als Poolfahrzeuge eingesetzt, auf die mehrere Mitarbeiter Zugriff nehmen konnten. Diese Mitarbeiter hatten üblicherweise keinen Einfluss auf die Anschaffung des Fahrzeugs, sodass hier keine verzerrende Vorselektion der Fahrer nach Affinität zur Elektromobilität stattgefunden hat.

3.1.2 Fahrzeugtypen

Im Projekt wurden insgesamt 8 verschiedene Fahrzeugtypen eingesetzt, allesamt batterieelektrische und hybridelektrische Personenkraftwagen. Auf Grund der abweichenden Antriebstopologien oder dem reinen Erprobungseinsatz der anderen Fahrzeugtypen [PFR15] beschränkt sich die Analyse im Rahmen dieser Arbeit jedoch auf die Nutzung der vier Fahrzeugtypen Smart fortwo electric drive [SMA10], [GER12], Mercedes-Benz A-Klasse E-Cell [MER11], [GER12], Peugot iOn [PEU13], [GER12] und Renault Kangoo Z.E. [REN13], [REN15]. Bei diesen handelt es sich einheitlich um batterieelektrische Fahrzeuge mit fester, einstufiger Übersetzung und nur einer angetriebenen Achse. Sie wurden von den Nutzern im normalen, betrieblichen Einsatz verwendet. Ihre wichtigsten technischen Kennwerte können Tabelle 1 entnommen werden.

Fahrzeug / Kennwert	smart fortwo electric drive	A-Klasse E-Cell	Peugot iOn	Renault Kangoo Z.E.
Reichweite (NEFZ) in km	135	255	150	170
Batteriekapazität in kWh	16,5	36	14,5	22
Höchstgeschwindig-keit in km/h	100	150	130	130
Spitzenleistung in kW	30	70	49	44
Dauerleistung in kW	20	50	35	-
Leergewicht in kg	1010	1635	1140	1501
Anzahl in der Flotte	52	10	7	11

Tabelle 1: Daten der untersuchten Elektrofahrzeuge

3.2 Datenerfassung und Messtechnik

Die Datenerfassung erfolgte in allen Fahrzeugen mit CAN-Datenloggern. Dabei wurden in den Peugot und Renault Fahrzeugen kontinuierliche Signalverläufe erfasst, wohingegen die Datenlogger der anderen beiden Fahrzeugtypen lediglich klassierte Werte aufgezeichnet haben. Aus diesem Grund wurden diese Fahrzeuge ergänzend mit mobilen Datenloggern zur Erfassung kontinuierlicher Signalverläufe ausgestattet, da diese zwingende Voraussetzung für einige der durchgeführten Auswertungen zu Modalwerten der Nutzung sind.

3.2.1 Kerndatensample

Die Grundanalyse der Eckwerte der Mobilität erfordert zumindest die Erfassung der Zeit und der Fahrtdistanz, die sich prinzipiell auch per Fahrttagebuch erfassen lassen. Für die Modalwerte der Mobilität, also die Art und Weise, wie eine Fahrt stattfindet, ist es jedoch notwendig, auf die automatisierte Aufzeichnung von

Messwerten zurückzugreifen, da viele der relevanten Werte vom Benutzer gar nicht bewusst wahrgenommen bzw. nicht ausreichend quantifiziert werden können, weil sie sich zeitlich schnell und häufig ändern und hierfür üblicherweise keine Anzeigeelemente verbaut sind. Während der Fahrten wurden - soweit die Signale verfügbar waren – folgende Kennwerte aufgezeichnet:

- Datum und Uhrzeit
- Fahrzeugposition (geografische Länge, Breite und Höhe)
- Innen- und Außentemperatur
- Nutzung von Heizung und Klimatisierung
- Restreichweite
- Fahrgeschwindigkeit
- Gesamtkilometerstand
- Fahr- und Bremspedalstellung
- Längs- und Querbeschleunigung
- Batterieladezustand (SOC)
- Motordrehzahl und -drehmoment

Die Ladevorgänge wurden anhand dieser Kennwerte erfasst:

- Datum und Uhrzeit
- Fahrzeugposition (geografische Länge, Breite und Höhe)
- Innen- und Außentemperatur
- Batterieladezustand (SOC)

3.2.2 Bedeutung des GPS-Signals

Um eine räumlich differenzierte Auswertung der Nutzung vorzunehmen, ist es unerlässlich, die Position des Fahrzeugs zu erfassen. Nur so lässt sich der tatsächliche geographische Einsatzraum bestimmen. Eine simple und verlässliche Möglichkeit der Positionsbestimmung bietet das Global Positioning System (GPS) [KAP06]. Das GPS-Signal bietet neben einem akkuraten Zeitstempel auch die Position mit Länge, Breite und Höhe, Angaben über die Positioniergenauigkeit, sowie die Geschwindigkeit und Kursorientierung. Der Verlauf der Position erlaubt die Errechnung der Distanz der Bewegung und auch die räumlich differenzierte Auswertung der Mobilität. Mit der Zeitinformation werden hiermit schon die Grundanforderungen für die Analyse der wichtigsten Eckwerte der Mobilität abgedeckt. Darüber hinaus erlaubt das Geschwindigkeitssignal weitere Auswertungen zu den Modalwerten der Mobilität. Neben reinen aggregierten Werten wie Durchschnitts- oder Maximalgeschwindigkeit bildet der zeitliche Verlauf des Signals die Basis für eventbasierte Auswertungen, beispielsweise zur Identifikation von Anfahr- oder Anhaltevorgängen. Darüber hinaus erlaubt es Rückschlüsse auf die befahrene Straßenart wie die Unterscheidung zwischen städtischem und Überlandverkehr. Durch geeignete mathematische Methoden können aus dem Geschwindigkeitsverlauf valide Längsbeschleunigungsverläufe abgeleitet werden. Mit weiterer Kenntnis über die technischen Parameter des untersuchten Fahrzeugs ist es im nächsten Schritt möglich, unter Zuhilfenahme eines Längsdynamikmodells Signale wie Zugkraft oder auch Motordrehzahl und -drehmoment zu rekonstruieren. Weitere Details hierzu finden sich in Kapitel 6.2. Daher kommt dem GPS-Signal eine besondere Bedeutung bei der effizienten Datenerfassung im Fahrzeugflottenversuch und Naturalistic Driving Studien zu gute. Da die verbauten CAN-Datenlogger in den Fahrzeugen smart fortwo electric drive und A-Klasse E-Cell nicht zur Erfassung des GPS-Signals in der Lage waren und sonst nur klassierte Daten erfasst haben, wurden ergänzend noch Smartphones als mobiles Messsystem zum Einsatz gebracht (siehe Kapitel 4), um die Aufzeichnung von GPS-Zeitschrieben zu ermöglichen.

4 Smartphones als Datenlogger

Ziel der Entwicklung war es, einen flexiblen Datenlogger zu erhalten, der sich ohne Werkstattinstallation von Laien in beliebigen Fahrzeugen einsetzen lässt. Die Mindestleistungsfähigkeit des Datenloggers umfasst hierbei die kontinuierliche Aufzeichnung des GPS-Signals mit Position und Geschwindigkeit, sowie die Übertragung der Daten per Mobilfunk, um einen zeitlich unbegrenzten Betrieb ohne regelmäßigen Wechsel des Datenträgers zu ermöglichen. Gleichzeitig sollten die Kosten je Stück gering gehalten werden, um die Anschaffung einer größeren Anzahl für die Fahrzeugflotte zu ermöglichen. Aus diesem Grund wurde ein Messsystem entwickelt, bei dem Smartphones mit einer hierfür programmierten Android-Applikation als Datenlogger eingesetzt werden können. Die Hauptvorteile des Systems liegen zum einen in der einfachen Anwendbarkeit und Installation durch ungeschulte Nutzer. Darüber hinaus verfügen heutige Smartphones über leistungsfähige Sensoren wie GPS, Accelerometer, Magnetometer und Schnittstellen zur Audio- und Videoaufzeichnung sowie der manuellen Eingabe von Informationen. Durch die Fertigung als Massenprodukt und Rückgriff auf Standardelektronikbauteile kann von enormen Kostendegressionseffekten profitiert werden, was einen deutlich günstigeren Stückpreis im Vergleich zu in kleineren Serien von Spezialherstellern gefertigter Messtechnik ermöglicht. Weiterhin sind in den Geräten leistungsfähige Funkmodems zur schnellen Übertragung der Messdaten verbaut.

Seit Dezember 2012 sind in der EU erstmals mehr Smartphones als konventionelle Mobiltelefone im Einsatz [MEL13] und der Anteil dieser Gerätekategorie ist seitdem weiter deutlich gestiegen. Für zukünftige Flottenversuche kann daher mit dieser Methodik potentiell auf die Anschaffung von Messtechnik zu Erhebung eines Basisdatensatzes zur Mobilität gänzlich verzichtet werden, wenn die Smartphones der Nutzer mit passender Software eingebunden werden.

Aus den genannten Gründen wurde daher ein auf Smartphones basierendes Messsystem konzipiert, unter Mitarbeit wissenschaftlicher Hilfskräfte softwareseitig implementiert und in [PFR11] erstmals öffentlich präsentiert. Zur Weiterverarbeitung und Auswertung der Daten wurde ein umfangreiches Post-Processing aufgebaut und unter Zuhilfenahme von studentischen Abschlussarbeiten [DUB12], [DES13] in der Programmierumgebung MATLAB umgesetzt. Weitere detailliertere Informationen zu Aufbau, Funktionsweise und Leistungsfähigkeit des Messsystems wurden in [PFR14c] veröffentlicht.

Neben der Installation in Fahrzeugen bieten Smartphones dank des eingebauten Akkus die Möglichkeit des mobilen Betriebs ohne externe Stromversorgung. In Kombination mit der Integration aller Sensoren sind sie daher ideal, um die multimodale Mobilität von Personen zu erfassen, da sie unabhängig vom gewählten Verkehrsmittel Daten aufzeichnen können. Mit einem hierfür entwickelten Derivat der Messapplikation, bei dem das gewählte Verkehrsmittel neben weiteren Größen per Nutzereingabe erfasst wird, wurde so in zwei Studien die Mobilität von Probanden über einen Zeitraum von je zehn Wochen über alle genutzten Verkehrsmittel hinweg erfasst, um die Bedeutung der einzelnen Verkehrsmittel in deren Modalmix zu erforschen [PAE12], [PAE13].

4.1 Beschreibung des Messsystems

Das hier eingesetzte Messsystem setzt sich aus auf einander abgestimmter Hard- und Software zusammen. Die Programmierung basiert jedoch auf dem Android API-System, sodass die Applikation auch auf anderen Android Geräten und Softwareständen eingesetzt werden kann, was mit verschiedenen Smartphone Typen erfolgreich getestet wurde.

4.1.1 Hardware und Sensoren

Die Hardwareplattform bildet das Smartphone Samsung i5500 GT, da es die geforderten Anforderungen an Messsignale, Datenversand und Kosten erfüllt und sich in Vorversuchen durch eine gute Handhabung ausgezeichnet hat. Darin verbaut sind ein Qualcomm RTR6285 Funkmodul mit integriertem A-GPS-Receiver, ein triaxiales Accelerometer Typ Bosch BMA220 und ein MEMSIC MMC314X Magnetometer. Aus den verbauten Sensoren werden mit 1 Hz das GPS-Signal mit Position, Höhe, Geschwindigkeit, Peilung und Genauigkeit, sowie mit 10 Hz die Rohwerte der je drei Achsen von Accelerometer und Magnetometer erfasst. Mikrofon und Kamera werden in der hier in der Studie eingesetzten Konfiguration nicht genutzt, könnten jedoch in weiteren Ausbaustufen zur Erfassung von Kontextinformationen verwendet werden. Sinnvoll ist hierbei die kontinuierliche Aufzeichnung in einen Ringspeicher, dessen Inhalt nur zu definierten Situationen nach Nutzereingabe oder Überschreitung von gemessenen Grenzwerten dauerhaft gespeichert wird, um die Datenmenge klein zu halten. Weitere ausführliche Empfehlungen zum Einsatz von Messtechnik in Flottenversuchen finden sich in den Resultaten des FESTA Projekts [FES08].

Die Installation der Smartphones im Fahrzeug erfolgt in einer schwingsteifen Saugnapfhalterung an der Frontscheibe mit Stromversorgung von der 12V-Bordsteckdose des Fahrzeugs.

4.1.2 Applikation mit Datenversand

Die Applikation macht sich die API von Googles Betriebssystem Android 2.1 zu Nutze, welches wiederum auf Java basiert. Gesteuert wird die Applikation vom Nutzer mit einer grafischen Oberfläche, die nach Programmstart und einem Hinweis zur Verkehrssicherheit mit einem Identifikationsbildschirm beginnt. Die Identifikation des Nutzers anhand einer definierten ID ermöglicht die pseudonyme Unterscheidung verschiedener Fahrer in Multi-Nutzer-Szenarien. Im Anschluss können in einem optionalen Multiple-Choice-Fragebogen auf drei Bildschirmen weitere Informationen zur Fahrt eingegeben werden wie beispielsweise der Fahrtzweck oder die Anzahl der Insassen und der Beladungszustand (siehe Abbildung 2).

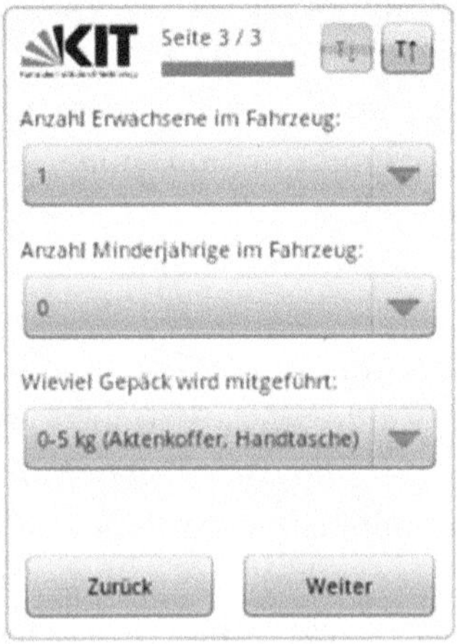

Abbildung 2: Bedienoberfläche der Smartphone Applikation [PFR14c]

Start und Stopp der Aufzeichnung erfolgen zu Fahrtbeginn und Fahrtende per Eingabe durch den Nutzer. Während der Fahrt werden die kontinuierlich erfassten Messwerte zunächst in einer Datenbank abgelegt. Zu Fahrtende wird die Verfügbarkeit eines Mobilfunknetzes geprüft und bei vorhandenem Signal der Upload aller noch im Speicher befindlichen Werte initiiert. Der Upload erfolgt hierbei SSL-verschlüsselt und in Segmenten, die je bis zu 20 Minuten Fahrtaufzeichnung enthalten. Nach erfolgreicher Übermittlung eines Segments wird es aus dem lokalen Speicher gelöscht, um einen kontinuierlichen Einsatz des Messsystems ohne manuelles Auslesen des Speichers zu ermöglichen.

4.2 Bestimmung der Fahrzeugbeschleunigungen

Die Aufzeichnung der Rohwerte der beiden triaxialen Sensoren erfolgt im Koordinatensystem des Smartphones. Für die Analyse des Fahrverhaltens anhand der Beschleunigungen ist es jedoch notwendig, diese im fahrzeugfesten Koordinatensystem oder im horizontierten Koordinatensystem nach DIN 70000 [DIN94] vorliegen zu haben. Andere Ansätze zum Einsatz von Smartphones für Fahrzeugmessungen erfordern hier eine manuelle Überdeckung der Achsen bei Installation [JOH11], was jedoch nur mit eingeschränkter Genauigkeit möglich ist. Der hier implementierte Ansatz erfordert lediglich eine je Fahrt konstant definierte Orientierung, bei der das Smartphone-Koordinatensystem in jedem beliebigen Winkel zum Fahrzeugkoordinatensystem stehen kann, da die Transformation der Koordinaten ex post anhand der gemessenen Daten erfolgt.

4.2.1 Transformation des Koordinatensystems

Vorversuche haben gezeigt, dass die Daten des internen Magnetometers im Fahrzeugumfeld nicht verlässlich sind, da sie zu sensibel auf magnetische Störungen reagiert. Die Lagekalibrierung erfolgt daher alleine auf Basis der Geschwindigkeits- und Beschleunigungswerte. Hierfür wird ein dreistufiger Prozess eingesetzt, bei dem im ersten Schritt alle Stillstandsphasen der Aufzeichnung ausgewertet werden. Diese sind dadurch charakterisiert, dass die GPS-Geschwindigkeit 0 beträgt und die resultierende Gesamtbeschleunigung abgesehen von Signalrauschen konstant ist. Die einzig wirkende Beschleunigung in diesen Phasen ist die Erdbeschleunigung, die im ebenen Fall genau der

Hochachse des horizontierten Koordinatensystems entgegengesetzt ist. Dies definiert die erste Rotation, um die Kongruenz der Achsensysteme herzustellen.

Im nächsten Schritt werden Anfahrvorgänge, also Beschleunigungen aus dem Stillstand heraus ausgewertet. Hierbei werden nur solche Beschleunigungen gewählt, die vorwiegend gradlinig sind, was durch eine Begrenzung der zulässigen Schwankung der GPS Peilung selektiert wird. Die mittlere Richtung der dabei außer der Erdbeschleunigung wirkenden Beschleunigung entspricht der Fahrzeuglängsachse und definiert den Winkel für die zweite Rotation. Die Richtung der Querachse ergibt sich folgerichtig, da sie rechtwinklig zu den beiden anderen Achsen steht.

Im letzten Schritt werden zur Optimierung eventuell verbleibende Ungenauigkeiten in der Ausrichtung von Längs- und Querachse entfernt, in dem kleine Variationen der Ausrichtung um die Hochachse geprüft werden und dabei der Winkel mit der größten Unabhängigkeit von Längs und Querbeschleunigung für den gesamten Fahrtverlauf gewählt wird.

4.2.2 Validierungsmessungen

Die korrekte Funktionalität des Verfahrens wurde durch eine Kampagne von Validierungsmessungen nachgewiesen. Dabei wurde ein Prüfaufbau gewählt, bei dem 5 Smartphones mit unterschiedlicher räumlicher Orientierung in einem Messfahrzeug installiert wurden und die Beschleunigungswerte nach Post-Processing mit den Resultaten einer parallel eingesetzten Inertialmessplattform als Referenz verglichen wurden. Geprüft wurden sowohl Standard-Fahrmanöver zur Erzeugung wechselnder oder stationärer Beschleunigungen entlang der drei Achsen als auch Realfahrten in echtem Verkehr. Die Standard-Fahrmanöver umfassten hierbei Slalomfahrt, Stationäre Kreisfahrt in beide Richtungen, Vollbremsung, Vollbeschleunigung, Schlagleistenüberfahrt und Doppelspurwechsel. Exemplarisch für die Resultate ist in Abbildung 3 der Vergleich der Längsbeschleunigung bei einer Beschleunigung aus dem Stand auf 60 km/h und anschließender Vollbremsung dargestellt.

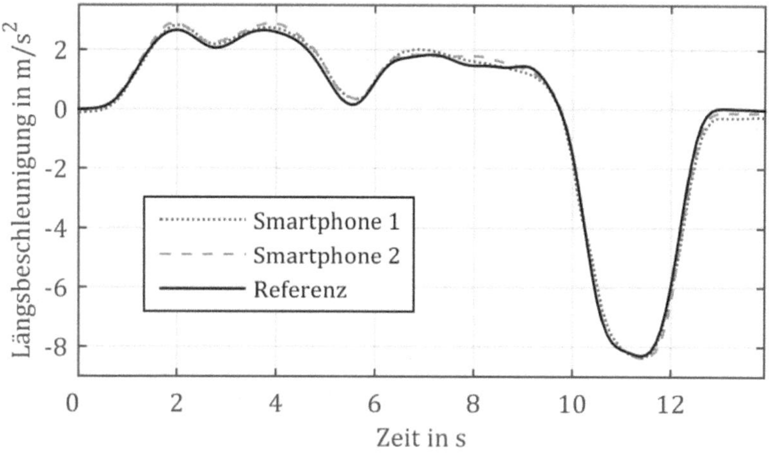

Abbildung 3: Längsbeschleunigungsverläufe von Smartphones und Referenz bei Vollbremsung aus 60 km/h

Die Messkurven der beiden Smartphones zeigen nach dem Post-Processing mit Achsenrekalibrierung und Tiefpassfilterung eine gute Überdeckung der tiefpassgefilterten Referenzkurve. Man kann sowohl das Anfahrverhalten mit zwei Schaltvorgängen als auch die Vollbremsung klar nachvollziehen. Alle fünf getesteten Smartphones zeigen hier eine Korrelation zur Referenzkurve von R^2=0,99 oder höher, sodass die so gemessenen Beschleunigungsverläufe als geeignet für die Auswertung der Dynamik der Fahrt einzustufen sind. Für detailliertere Ergebnisse der Validierungsmessungen sei auf [PFR14c] verwiesen.

5 Analyse des Fahrverhaltens zur Ableitung von Entwicklungsanforderungen

5.1 Benötigter Signalumfang

Der benötigte Signalumfang richtet sich direkt nach dem gewünschten Erkenntnisinteresse. Für eine reine transportökonomische oder verkehrsplanerische Betrachtung mögen Eckwerte der Fahrt wie Distanz, Dauer, Wegezweck, Fahrgäste und Zuladung ausreichend sein. Als Basis für eine zielgerechte Fahrzeugentwicklung sind jedoch weitere Signale zwingend erforderlich. Die umfangreichsten Anforderungen stellt hierbei die Komponentenentwicklung, beispielsweise die Auslegung eines Getriebes, bei der Größen wie Aufenthaltsdauer und geforderte Drehmomente je Gang zu erfassen sind, wobei eine ausreichend hochfrequente Abtastung erforderlich ist, um auch kurzfristig wirkende Lastspitzen zuverlässig zu detektieren. Häufig kann jedoch unter Zuhilfenahme weiterer Informationen die gesuchte Größe aus anderen Signalen rekonstruiert werden. Bei bekannter Schaltstrategie kann der gewählte Gang beispielsweise aus der Fahrgeschwindigkeit abgeleitet werden. Und bei bekannter momentaner Übersetzung kann unter einer Annahme für den Radschlupf auch direkt die Motordrehzahl aus der Fahrgeschwindigkeit abgeleitet werden. Weitere Ausführungen zur Rekonstruktion von Signalen finden sich in Kapitel 6.2.

5.2 Eventbasierte Betrachtung

Eine übliche Vorgehensweise in Naturalistic Driving Studien ist es, die Signale zwar kontinuierlich über die Fahrt hinweg zu erfassen, jedoch dann nur in Form eine Klassierung zu speichern, um die Datenmenge auf dem Logger klein zu halten. Der Speicherbedarf der Klassierung ist unabhängig von der Aufzeichnungsdauer. Die Klassierung der Werte bewahrt nur die Information über die Häufigkeit von Merkmalsausprägungen in den einzelnen Klassen. Somit wird die Messgenauigkeit auf die Klassenbreite reduziert. Den gravierenderen Informationsverlust bewirkt jedoch die Eliminierung des Zeitbezugs. Ohne diesen ist eine Bewertung der kundenrelevanten Dynamik allerdings nicht sinnvoll möglich, da sich Fahrphasen, die aus dynamischer Sicht irrelevant sind, verzerrend in den Histogrammen ausprägen können. In Abbildung 4 wird dies anhand zweier exemplarischer Fahrverläufe verdeutlicht.

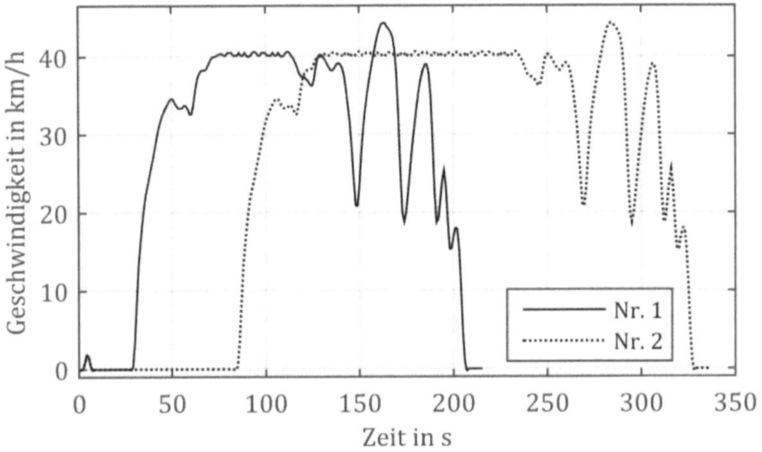

Abbildung 4: Vergleich der Geschwindigkeitsverläufe

Beide Verläufe beinhalten die gleichen Anfahr- und Verzögerungsvorgänge. Sie unterscheiden sich nur dadurch, dass die Stillstandsphase von Nr. 1, die ursprünglich bis 27 Sekunden reicht und die Konstantfahrphase um 80 Sekunden herum in Nr. 2 durch Kopieren der Sequenzen verlängert wurden. Sowohl Anfahren als auch Verzögern stellen ein längsdynamisch relevantes Event dar.

Fehlt es hier an Leistungsvermögen des Fahrzeugs, sodass es dem Fahrerwunsch nicht nachkommen kann, spürt dies der Fahrer direkt als Einschränkung, die ein Akzeptanzhindernis darstellt. Die Konstantfahrt und der Stillstand hingegen wirken sich bezogen auf die Dynamik nicht kundenrelevant aus, da man bezüglich der Längsführung weder dynamisch noch zurückhaltend konstantfahren kann, denn hierfür sind die Beschleunigungen ausschlaggebend. Trotz gleicher eventbasierter Dynamik unterscheidet sich die Klassierung der aufgetretenen Beschleunigungen für Fahrt Nr. 1 und Nr. 2 deutlich (siehe Abbildung 5).

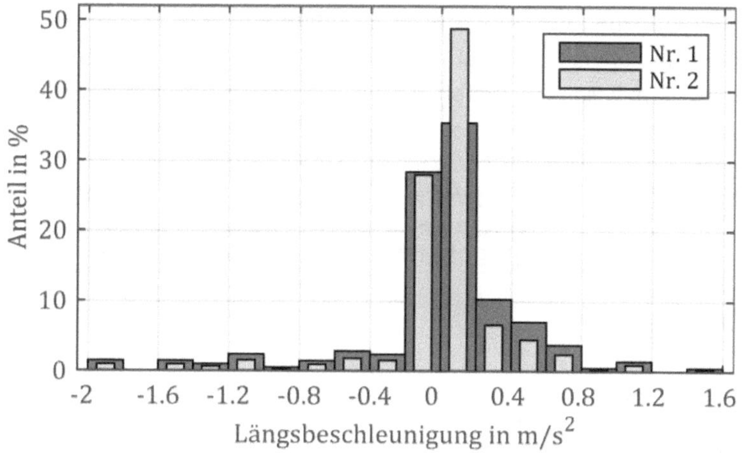

Abbildung 5: Histogramm der Längsbeschleunigung für Fahrt Nr. 1 und Nr. 2

Bei Klassierung aller aufgetretenen Beschleunigungswerte, wirkt Nr. 1 wie die dynamischere Fahrt, da ein größerer Fahrtanteil in höheren Längsbeschleunigungsklassen stattfindet, obwohl sich die beiden Verläufe bezüglich der kundenrelevanten Längsdynamik nicht unterscheiden.

Neben der Forderung einer kontinuierlichen Aufzeichnung der Signale ist auch eine Mindestfrequenz für die Abtastung vorauszusetzen. Die Wahl einer geringen Abtastrate wie 0,1 Hz ist auch ein gängiges Mittel zur Reduktion der Datenmenge in Flottenversuchen [GEN13]. Eine zuverlässige Erkennung, Abgrenzung und Analyse von Events ist auf dieser Basis jedoch nicht mehr möglich. Für normale Straßenfahrzeuge ist eine Abtastung von mindestens 0,5 Hz, besser aber 1 Hz, anzustreben. Daher wird die kundenrelevante Längsdynamik im weiteren Verlauf der Arbeit anhand von Events betrachtet und nur Datensätze mit mindestens 1 Hz Abtastrate verwendet.

Die untersuchten längsdynamisch bedeutsamen Events sind grundsätzlich in Beschleunigen und Verzögern zu trennen. Dabei kann weiterhin zwischen Anfahrbeschleunigungen aus dem Stand heraus und Zwischenbeschleunigungen ausgehend von einer gewissen Fahrgeschwindigkeit sowie Zwischenverzögerungen und Anhalteverzögerungen bis zum Stillstand unterteilt werden.

Eventart	**Startgeschwindigkeit in km/h**	**Endgeschwindigkeit in km/h**	**Beschleunigung in m/s²**
Anfahrbeschleunigung	≤5	≥15	>0,1
Zwischenbeschleunigung	>5	≥15	>0,1
Anhalteverzögerung	≥15	≤5	<-0,1
Zwischenverzögerung	≥15	>5	<-0,1

Tabelle 2: Untersuchte Längsdynamikevents

Voruntersuchungen haben jedoch gezeigt, dass Events häufig durch kurze Unterbrechungen getrennt sind. Selbst in den Anfahrvorgängen der Elektrofahrzeuge mit nur einer konstanten Übersetzungsstufe zeigen sich beispielsweise die üblichen Schaltpausen von konventionellen Fahrzeugen, da diese meist die vorausfahrenden Fahrzeuge darstellen. Um in den Phasen der Zugkraftunterbechung des vorausfahrenden Fahrzeugs nicht zu nah aufzufahren, muss auch im Elektrofahrzeug mit einer adäquaten Unterbechung des Beschleunigungsvorgangs reagiert werden. Während dieser Pausen wird die geforderte Mindestbeschleunigung unterschritten, was eine Trennung des Anfahrvorgangs in Anfahr- und Zwischenbeschleunigung nach sich ziehen würde. Um dies zu vermeiden, werden gleichartige, benachbarte Beschleunigungs-Events mit einander verbunden, wenn die Unterbrechung zwischen Ihnen 2 Sekunden nicht überschreitet und die Beschleunigung im Mittel $\geq -0{,}1\ \frac{m}{s^2}$ bleibt oder maximal 1 Sekunde Unterbrechung bei einer mittleren Beschleunigung $\geq -0{,}2\ \frac{m}{s^2}$. Dies liegt deutlich über der Dauer eines durchschnittlichen Schaltvorgangs von 0,84 s [BAT98], sodass der Größte Teil der Schaltunterbrechungen damit abgedeckt sein sollte. Somit können auch als Reaktion auf das Verkehrsgeschehen inhomogen geartete Events zusammenhängend betrachtet werden.

Abbildung 6 zeigt einen exemplarischen Geschwindigkeitsverlauf mit detektierten Events. Der erste Anfahrvorgang ist hier bei 12 Sekunden kurz unterbrochen, was per Kreis markiert ist. Da die Unterbrechung jedoch kurz genug ist, werden die Phase davor und danach gemeinsam als ein Anfahrvorgang betrachtet. Die Konstantfahrphase ab Sekunde 309 wird nicht als Event detektiert, da die Geschwindigkeit nur leicht schwankt und dieser Abschnitt somit längsdynamisch irrelevant ist. Ebenso wenig wird das Anrollen, vermutlich um die Lücke zum Vorderfahrzeug zu schließen, bei Sekunde 220 als relevantes Event detektiert, da es unterhalb der Grenzgeschwindigkeit bleibt.

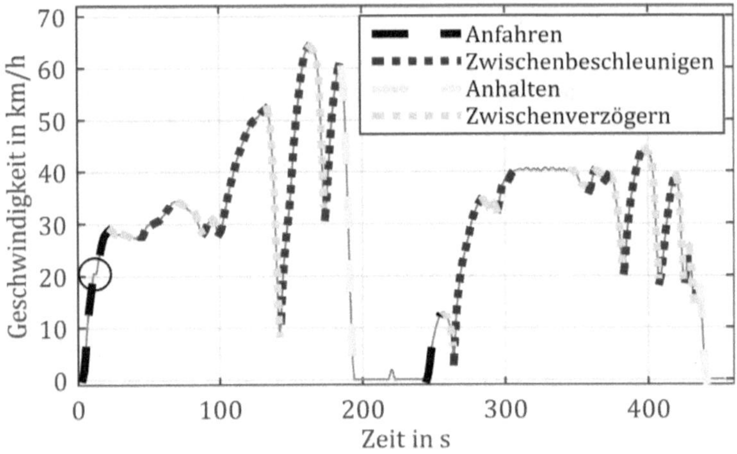

Abbildung 6: Geschwindigkeitsverlauf mit detektierten Längsdynamikevents

Die automatische Eventerkennung ermöglicht es so, Fahrten unabhängig von ihrer Länge und von Konstantfahranteilen auf die längsdynamisch relevanten Sequenzen reduziert zu untersuchen.

6 Anpassung der Datengrundlage

6.1 Plausibilisierung der Aufzeichnungen

Vor der Analyse der Fahrten, die automatisiert über Datenlogger aufgezeichnet wurden, ist zunächst eine Plausibilisierung bzw. Bereinigung der Datengrundlage erforderlich. Dies liegt einerseits in der Tatsache begründet, dass es zu Signalausfällen bzw. allgemeinen Aufzeichnungsfehlern kommen kann, was in unbrauchbaren Datensätzen resultiert. Darüber hinaus gibt es noch systemimmanente Probleme, die durch die Aufzeichnungslogik selbst begründet sind. Im Falle festverbauter Datenlogger ist dies die Verwendung des Zündsignals zum Start der Fahrtaufzeichnungen, da es immer wieder passiert, dass bei Fahrzeugen zwar die Zündung betätigt, aber im Anschluss nicht gefahren wird, beispielsweise zum Auslesen des Kilometerstandes für ein Fahrtenbuch. Hieraus entstehen Datensätze mit einer positiven Dauer aber einer Fahrtdistanz von 0 km, die keine Mobilität im eigentlichen Sinne darstellen. Daher wird die Datengrundlage auf Fahrten mit einer Fahrtdistanz größer Null und somit echte Mobilitätsereignisse mit echt positiven Geschwindigkeitsausprägungen reduziert.

6.1.1 Beschnitt der Smartphone-Aufzeichnungen

Im Falle der Smartphones als mobile Datenlogger wird eine andere Aufzeichnungslogik angewandt. Start- und Endzeitpunkt der Fahrt werden vom Fahrer per Eingabe in die App definiert. Hier kommt es zu Problemen durch individuell unterschiedliche Interpretationen einer Fahrt. So passiert es beispielsweise, dass ein Nutzer die Aufzeichnung startet und innerhalb von 10 min zu einem Termin fährt, dort für eine Stunde verweilt, dann wieder in ca. 10 min zu seiner Firma zurückfährt und erst am Schluss die Aufzeichnung beendet. Nach seiner Logik handelt es sich hierbei um eine Fahrt. Hierdurch entstehen jedoch Datensätze, die die reale Mobilität nur unzureichend wiedergeben, da Fahrtdauern, Fahrthäufigkeiten, Stillstandsanteile und Durchschnittsgeschwindigkeiten verzerrt werden. Es ist nicht zielführend, Fahrtsegmente, die durch derart lange Pausen voneinander getrennt sind, als eine Fahrt zu betrachten. Die Pause bietet ausreichend Zeit, um die Batterie nachzuladen oder das Fahrzeug als Energiequelle mit dem Stromnetz zu verbinden. Darüber hinaus kommt es vor, dass Nutzer am Ende der Fahrt schlicht vergessen, die Aufzeichnung zu beenden, woraus Datensätze mit langen Leerlaufphasen am Ende resultieren.

Aus diesem Grund wurden die Datensätze der Smartphones vor der Analyse in einem Pre-Processing überprüft und gegebenenfalls bearbeitet, um lange Leerlaufphasen zu eliminieren. Im Falle von Leerlaufphasen am Fahrtende werden diese vollständig abgeschnitten und somit die Aufzeichnungsdauer auf die korrekte Fahrtdauer reduziert. Leerlaufphasen innerhalb einer Fahrt können jedoch auch aus Stillstand an einer Ampel oder einer kurzen Unterbrechung, beispielsweise für ein Telefonat oder einen Halt beim Bäcker resultieren. Daher wird für diesen Fall ein Grenzwert von 15 min zur Trennung festgelegt. Stillstandsphasen darunter werden als Teil eines Mobilitätsereignisses betrachtet, bei längeren Phasen wird jedoch getrennt, wobei zwei Fahrten entstehen und die dazwischen liegende Stillstandszeit gelöscht wird.

6.1.2 Bereinigung klassierter Daten

Auch im Falle klassierter Daten ist es erforderlich, nur solche Aufzeichnungen mit in die Analyse zu nehmen, die echte Mobilität und nicht nur reine Zündwechsel darstellen. Daher werden alle Datensätze von der Analyse ausgeschlossen, die nur Geschwindigkeitszählungen in der untersten Klasse haben, die auch 0 km/h mit einschließt. Nur wenn auch höhere Klassen belegt sind, kann sicher von einer echten Fahrt ausgegangen werden. Reine Umparkvorgänge, die sich ausschließlich in der untersten Geschwindigkeitsklasse abspielen, werden so zwar auch ausgeschlossen, obwohl das Fahrzeug bewegt wurde. Dies ist jedoch gewollt, da es sich hierbei auch nicht um Mobilitätsereignisse im Sinne der Untersuchung handelt.

6.2 Signalrekonstruktion und Aufbau des Längsdynamikmodells

Zum Aufbau fahrdynamisch relevanter Kennwerte wurde ein Längsdynamikmodell aufgebaut und an die zu untersuchenden Fahrzeugtypen adaptiert. Dies bietet den Vorteil, dass unter Ausnutzung der direkten mathematischen Abhängigkeit der Größen von einander auf eine aufwändige Instrumentierung des Fahrzeugs verzichtet werden kann. Hierbei stellt sich insbesondere die einfache Antriebstopologie der Elektrofahrzeuge mit fester Übersetzungsstufe als besonders geeignet dar. Somit lässt sich unter einer Annahme für den Radschlupf die Fahrgeschwindigkeit direkt in die Motordrehzahl umrechnen. Und aus der Fahrgeschwindigkeit und ihrer Variation können unter Berechnung der Gesamtzugkraft die dafür notwendige Antriebs- bzw. Bremskraft sowie die herrschenden Kräfte und Momente an den Rädern bestimmt werden. Mit bereits bestimmter Motordrehzahl ist es nun auch möglich, das Motordrehmoment und die Antriebsleistung zu berechnen.

6.2.1 Fahrzeugbeschleunigungen

Die Fahrzeugbeschleunigungen lassen sich entlang der Raumrichtungen im horizontierten Koordinatensystem nach DIN 70000 [DIN94] in Längsrichtung entlang der X-Achse, Querrichtung entlang der Y-Achse und Vertikalrichtung entlang der Z-Achse aufteilen. Das horizontierte Koordinatensystem hat seinen Ursprung im Fahrzeugschwerpunkt und bildet Translation und Gieren ab. Nicken und Wanken des Fahrzeugs werden nicht berücksichtigt.

Im weiteren Verlauf der Arbeit soll die Auswertung auf die Analyse der Längsdynamik begrenzt werden, sodass auf eine Berücksichtigung der Quer- und Vertikalbeschleunigungen verzichtet wird. Die Längsbeschleunigung des Fahrzeugs ist die zeitliche Differentiation der Fahrgeschwindigkeit. Diese lässt sich also mathematisch durch Ableiten aus dem Geschwindigkeitsprofil errechnen. Dabei gilt es jedoch zu beachten, dass Messsignale verrauscht sein können und dadurch in der Ableitung unerwünschte Sprünge auftreten. Eine einfache Berechnung über den Differenzenquotient führt folglich zu keinem zufriedenstellenden Ergebnis. Geeignete mathematische Verfahren können diese Probleme jedoch egalisieren.

Im Rahmen dieser Arbeit wird die Ableitung im Zuge einer Savitzky-Golay-Filterung [SAV64], [MAD78] des Signals vorgenommen. Der Vorteil liegt hierbei darin, dass das zu Grunde liegende Signal abschnittsweise mit einem Polynom approximiert wird, wodurch das Signalrauschen herausgefiltert wird. Zur Abbildung der Dynamik von Geschwindigkeitsverläufen genügt hier ein Polynom dritten Grades. Die Ableitung wird dann analytisch stückweise aus dem Polynom gebildet. In Gegensatz zu simplen Filtermethoden wie beispielsweise einem gleitenden Mittelwert zeichnet sich dieses Verfahren auch durch eine amplitudentreue Glättung aus.

6.2.2 Antriebskraft und Antriebsmomente

Zur Ermittlung der Antriebskraft aus den nun vorliegenden Zeitverläufen von Geschwindigkeit v und Längsbeschleunigung a_x wurde unter Zuhilfenahme von [LAR03] und einer studentischen Abschlussarbeit [IVA14] ein Einspurmodell als ebenes Längsdynamikmodell aufgebaut, da dies mit vergleichbar geringer Komplexität aufwartet und bereits ausreichend ist zur Beurteilung des Beschleunigungs- und Bremsverhaltens [HEI13]. Die Grundlage des Modells ist hierbei die Gleichung für die Gesamtzugkraft des Fahrzeugs F_{Zug}. Dabei werden die folgenden Modellannahmen getroffen, da für die präzise Berechnung keine Daten vorliegen und nur geringfügige Abweichungen zu erwarten sind:

Der Rollwiderstandsbeiwert f_R wird als konstante Größe angenommen. Sowohl Kurvenwiderstand als auch Steigungswiderstand werden vernachlässigt, da der Flottenversuch in einem überwiegend ebenen Projektgebiet durchgeführt wurde. Der Einfluss des natürlichen Windes und von Schwankungen der Luftdichte ρ wird vernachlässigt und es wird bei der Berechnung des Luftwiderstandes von Frontalanströmung mit einem Anströmwinkel $\tau = 0°$ ausgegangen, sodass c_W statt c_ξ für den Luftwiderstandsbeiwert verwendet werden kann. Die vollständige verwendete Zugkraftgleichung ist in (1) zu sehen:

$$F_{Zug} = f_R * F_Z + c_W * A * \frac{\rho}{2} * v^2 + \left(e_i * m_{Fzg} + m_{Zu}\right) * a_x \qquad (1)$$

Dabei steht e_i für einen Massenfaktor, um die rotatorischen Trägheiten des Antriebstrangs in Gang i zu approximieren und mit m_{Zu} wird die Zuladung zur Fahrzeugmasse m_{Fzg} in Form weiterer Fahrgäste und Gepäck berücksichtigt, sofern diese aus Messsignalen oder der Direkteingabe der Nutzer bekannt sind. F_Z steht für die Vertikalkraft des Fahrzeugs zur Ermittlung des Rollwiderstands.

Zur Berechnung der Kräfte und Momente an den Rädern $M_{Räder}$ dient die Beziehung (2) unter der Annahme, dass die Gesamtzugkraft je hälftig von zwei angetriebenen Rädern übertragen wird.

$$M_{Räder} = F_{Räder} * r_{dyn} = F_{Zug} * r_{dyn} = 2 * M_{Rad} \qquad (2)$$

Nach [SCH13b] kann der dynamische Rollradius r_{dyn} für Gürtelreifen als konstante Größe angenommen werden und der Radschlupf kann hier vernachlässigt werden, da er im Normalbetrieb Werte von 1 % bis 2 % üblicherweise nicht übersteigt [CAR05].

Das Motormoment M_{Motor} kann nach den bisher gebildeten Zusammenhängen durch die beiden Formeln für den Antriebs- (3) und den generatorischen Bremsfall (4) beschrieben werden. Zu beachten ist, dass der Wirkungsgrad der Antriebsstrangübersetzung η_A hierbei vom Nenner in den Zähler wechselt, da der Reibverlust beim Verzögern unterstützend wirkt und somit ein niedrigeres Motormoment gestellt werden muss. Dies reduziert allerdings in gleichem Maße auch das Rekuperationspotential. Das Gesamtübersetzungsverhältnis des Antriebstrangs ist mit i_A dargestellt und M_{Br} steht für das Gesamtbremsmoment der Reibbremsen, das im Antriebsfall üblicherweise Null sein sollte. Die im Bremsfall negative Zugkraft F_{Zug} stellt die Bremskraft der elektrischen Maschine dar.

$$M_{Motor,Antrieb} = \frac{F_{Zug} * r_{dyn} + M_{Br}}{\eta_A * i_A} \tag{3}$$

$$M_{Motor,Brems} = \frac{\eta_A * (F_{Zug} * r_{dyn} - M_{Br})}{i_A} \tag{4}$$

Die Drehzahl des Motors n_{Motor} kann nach Beziehung (5) unter Vernachlässigung des Radschlupfes aus der Fahrgeschwindigkeit abgeleitet werden.

$$n_{Motor} = \frac{v * i_g * 60}{2\pi * r_{dyn}} \tag{5}$$

Zur Validierung des Modells wurde ein Teildatensatz aus dem Flottenversuch mit kontinuierlich gemessenem Motormoment herangezogen. Da das modellierte Drehmoment auch das gesamte notwendige Bremsmoment umfasst, dies aber am Realfahrzeug anteilig durch Betriebsbremse und elektrische Maschine gestellt wird, ist der Vergleich dabei auf den Antriebsfall reduziert. Der Abgleich von berechnetem und gemessenem Drehmoment zeigt trotz der getroffenen Modellvereinfachungen eine für die weitere Analyse der Längsdynamik zufriedenstellende Genauigkeit mit einem mittleren absoluten Fehler (MAE) von 5,6 Nm, was 3 % des Wertebereichs entspricht. Dabei bleiben über 2/3 der Fehler unter 5 Nm. Die Verteilung der Fehlerbeträge kann Abbildung 7 entnommen werden.

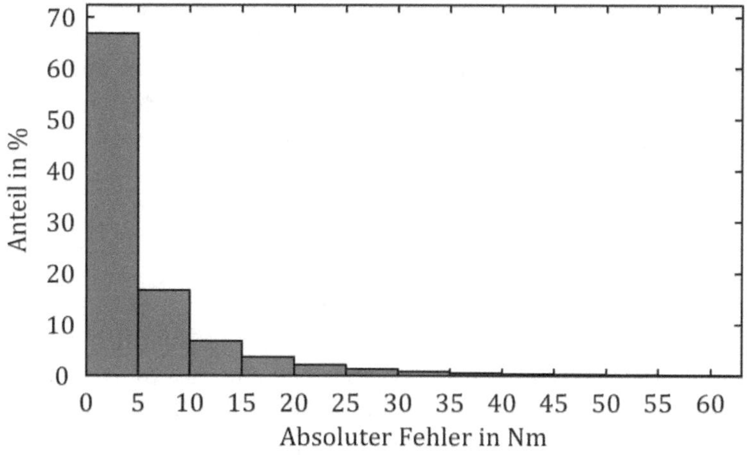

Abbildung 7: Fehlerbeträge modelliertes zu gemessenem Motormoment

Nachdem das Antriebsmoment nach Gleichung (3) über als konstant angenommene Faktoren mit der Zugkraft und diese wiederum über die konstante Fahrzeugmasse mit der Längsbeschleunigung verknüpft ist, können die relativen Fehler direkt auf die anderen untersuchten Größen übertragen werden.

6.2.3 Antriebsenergie

Die Bestimmung der Antriebsenergie erfordert zunächst die Berechnung der Gesamtleistung P_{Ges} nach Beziehung (6) oder (7), da die Energie das zeitliche Integral der Leistung darstellt.

$$P_{Ges} = F_{Zug} * v \tag{6}$$

$$P_{Ges} = \frac{2\pi * M_{Motor} * n_{Motor}}{\eta_A} \tag{7}$$

Analog zu (7) lassen sich bei Bedarf aus den Radrehzahlen und Radmomenten auch die Leistungen an den Rädern berechnen.

Aus der Gesamtleistung kann nun durch zeitliche Integration bis zum Zeitpunkt t_x oder Integration der Zugkraft über der Wegstrecke s_x die Gesamtenergie E_{Ges} betimmt werden:

$$E_{Ges} = \int_0^{s_x} F_{Zug}(s)ds = \int_0^{t_x} P_{Ges}(t)dt \tag{8}$$

Zur Bestimmung der reinen Vortriebsenergie dürfen hierbei nur positive Signalanteile integriert werden, zur Bestimmung der Energie der Verzögerungsvorgänge nur die negativen Anteile. Es handelt sich dabei um die tatsächlich mechanisch vom Elektromotor abgegebene Antriebsenergie ohne Berücksichtigung der Verluste in Leistungs- und Ladeelektronik oder der Batterie.

6.2.4 Rekuperationsanteil

Der Rekuperationsanteil kann nur bei Fahrzeugen bestimmt werden, bei denen auch ein gemessenes Signal für den Motordrehmomentverlauf vorliegt, das hier für den generatorischen Bremsfall als M_G bezeichnet wird. Nun kann mit M_G in Gleichung (7) und (8) die vom Generator aufgenommene Energie für den Verzögerungsfall bestimmt werden, wobei der Wirkungsgrad η_A wieder in den Zähler wechselt. Der Rekuperationsanteil bestimmt sich aus dem Quotienten der generatorisch aufgenommenen Energie zur Gesamtenergie, wobei der verbleibende Anteil durch die Fahrwiderstände dissipiert oder dem System per Reibbremse entzogen wird.

7 Mobilitätsanalyse

Im Rahmen der Mobilitätsanalyse wird sowohl das Fahrverhalten untersucht als auch das zugehörige Ladeverhalten. Die Analyse des Fahrverhaltens ist wiederum in zwei Abschnitte gegliedert für die Basiswerte und die Modalwerte der Mobilität. Unter Basiswerten sind hier grundlegende Kennzahlen wie Dauer und Länge von Fahrten zu verstehen, wie sie üblicherweise in Mobilitätsstatistiken verwendet werden und auch anhand klassierter Daten ermittelt werden können. Die Bezeichnung Modalwert soll hier nicht, wie in der Statistik üblich, als Synonym für den Modus, also die häufigste Merkmalsausprägung einer Verteilung dienen [GRA13]. Der Begriff ist vielmehr aus der sprachwissenschaftlichen Bedeutung des Wortes modal als „die Art und Weise bezeichnend" [DUD15] gewählt. Daher soll im Rahmen der Arbeit die folgende Definition gelten:

Modalwerte der Mobilität, sind solche Kennwerte der Mobilität, die geeignet sind, das Fahrverhalten, also die Art und Weise des Fahrens, näher zu charakterisieren.

Diesen Werten wird eine besondere Bedeutung zugemessen, da sie entscheidend das Kundenerlebnis im Fahrzeug beeinflussen und ein wichtiges Entscheidungs- und Akzeptanzkriterium für den Fahrer darstellen. Die reine Betrachtung der Basiswerte der Mobilität kann keinen ausreichenden Erklärungsansatz für die Differenzierung der Fahrzeugkonzepte liefern, denn ein sparsamer Kleinwagen bringt eine Person bezüglich der Basiswerte der Mobilität genauso von A nach B wie ein leistungsstarker Sportwagen. Neben Image- und Komfortfaktoren sind es hingegen die Modalwerte der Mobilität wie beispielsweise das Beschleunigungsverhalten, die hier die entscheidende Differenzierung ermöglichen. Darüber hinaus legt die Art und Weise der Nutzung auch entscheidend den Energieverbrauch fest und ist für eine effiziente Fahrzeugauslegung besonders zu berücksichtigen.

7.1 Grundlagen

7.1.1 Ziele der Mobilitätsanalyse

Die Analyse der Mobilität kann aus vielerlei Sicht motiviert werden. Zum einen geht es zunächst darum, ein tiefgehendes Verständnis der Nutzung von Elektrofahrzeugen zu erarbeiten, um Eigenheiten und Besonderheiten der Nutzung aufdecken zu können. Der Vergleich mit der Nutzung konventioneller Fahrzeuge ermöglicht so die Erkenntnis, ob Elektrofahrzeuge anders eingesetzt werden als ihre Pendants mit Verbrennungsmotor oder ob sich in beiden Fällen direkt die Mobilitätsbedürfnisse der Nutzer ausprägen.

Die Analyse der Nutzung ermöglicht darüber hinaus auch eine Untersuchung der Akzeptanz der Fahrzeuge bei den Nutzern. Durch [MÜL86] hat es sich etabliert, zwischen Einstellungsakzeptanz und Verhaltensakzeptanz zu unterscheiden. Diese Zweiteilung äußert sich auch in vielen Modellen zur Akzeptanz neuer Technologien oder zur Prädiktion von Handlungen. Das Technology Acceptance Model [DAV89], das auf der „Theory of Reasoned Action“ [FIS75] fußt, unterscheidet klar zwischen der Einstellung einer Sache gegenüber, der sog. Einstellungsakzeptanz, und der Intention, sie zu nutzen, der Verhaltensakzeptanz, die dann erst zur Nutzung führt. Denn für die Verhaltensakzeptanz spielt auch der wahrgenommene Nutzen der Sache eine entscheidende Rolle.

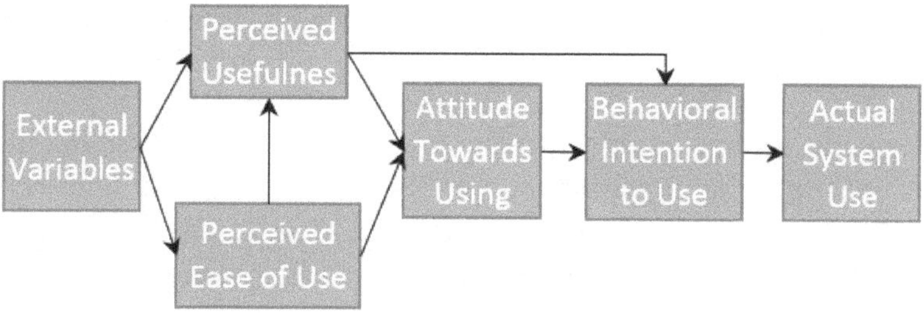

Abbildung 8: Technology Acceptance Model nach [DAV89]

Damit ist auch zu erklären, dass Elektrofahrzeuge in Umfragen regelmäßig von den Befragten für den nächsten Kauf in Betracht gezogen werden oder sich die Nutzer gar vorstellen können, ein Elektroauto zu kaufen, die Zulassungszahlen aber gleichzeitig auf niedrigem Niveau stagnieren. Auch in der Untersuchung von [BÜH11] wurde keine signifikante Korrelation zwischen der geäußerten Einstellung zu Elektrofahrzeugen und dem tatsächlich geäußerten Mobilitätsverhalten gefunden. Daher ist es unabdingbar, die Mobilität selbst zu untersuchen und nicht nur Schlüsse durch Befragung potentieller Nutzer ziehen zu wollen.

Ein weiteres Problem der Befragung von Nutzern ist, dass hierdurch nur sehr eingeschränkt objektive und belastbare Daten gewonnen werden können. Grundlegende Kenngrößen wie die Häufigkeit von Fahrten oder die zurückgelegte Tagesfahrtweite können noch per Direktbefragung ermittelt werden. Bereits hier bietet es sich an, dem Befragten zunächst ein methodisches Hilfsmittel wie ein Fahrttagebuch (siehe 2.1.2) zur Verfügung zu stellen, um belastbare Resultate zu erhalten. Ein großer Teil der für die Fahrzeugtechnik interessanten Informationen wird jedoch nicht bewusst vom Nutzer wahrgenommen oder ist zumindest nicht quantifizierbar, da Anzeigeinstrumente fehlen. Oder es handelt sich um Routinevorgänge, die schlicht nicht beachtet werden. So können beispielsweise die Häufigkeit von Anfahrvorgängen, die

Aufenthaltsdauer je Geschwindigkeitsklasse oder die auftretenden Beschleunigungen nur per Datenanalyse ermittelt werden.

Derartige Kenngrößen sind jedoch von großem Interesse für die Auslegung zukünftiger Fahrzeuge. Bei der Auslegung sind verschiedene technische und legislative Beschränkungen zu beachten. Darüber hinaus gilt es aber in vielen Fällen den Kompromiss zwischen Notwendigkeit und teurer Übererfüllung zu finden, um ein Fahrzeug, das den Kundenanforderungen gerecht wird, in einem attraktiven Kostenrahmen gestalten zu können. Die grundlegende Basis einer jeden bedarfsgerechten Auslegung ist zunächst die präzise Kenntnis des Bedarfs, die erst aus der Mobilitätsanalyse hervorgeht.

Weiterhin sind diese Kenngrößen auch für andere Themenfelder von Interesse. Die Fahrprofile eignen sich zur Einbindung in oder zur Verbesserung von Verkehrssimulationen. Das beobachtete Anfahrverhalten kann z.B. genutzt werden, um Ampelschaltungen zu optimieren, um das Risiko von Kreuzungsunfällen zu minimieren.

Daneben bietet das Beschleunigungs- und Verzögerungsverhalten auch eine nützliche Grundlage für die Gestaltung von Systemen zur autonomen Längsführung. Um die Akzeptanz hierfür sicherzustellen, sollten sich die Beschleunigungen im Rahmen dessen bewegen, was üblicherweise auch durch den Fahrer selbst eingestellt wird.

Und nicht zuletzt bietet der Sonderfall der Nutzungsanalyse von Elektrofahrzeugen auch Schnittstellen zur Energiewirtschaft. Mit wachsender Zahl batterieelektrischer Fahrzeuge wird deren Interaktion mit dem Energienetz immer wichtiger. Daher ist eine Kenntnis der benötigten Energiemenge und der Zeitpunkte und Dauer der Interaktion der Fahrzeuge mit dem Energienetz für künftige Planungen von großem Vorteil. Auch für die Planung von bidirektionalem Laden, bei dem Energie aus der Fahrzeugbatterie in das Elektrizitätsnetz eingespeist wird, ist die Kenntnis der Anschlussdauern und der vorhandenen Restenergie unabdingbar.

In der jüngeren Vergangenheit erfreuen sich Simulationen von Systemen immer größerer Beliebtheit, um Abschätzungen oder Prognosen zu verschiedenen Themen zu treffen. Elementar für die Prognosegüte eines Modells sind jedoch die Eingangsdaten, mit denen es bestückt wird. Häufig werden Ergebnisse in Mobilitätsstudien in stark aggregierter Form präsentiert, sodass sich diese Daten nur bedingt für Simulationen nutzen lassen. Aus wenigen statistischen Kenngrößen für eine beobachtete Größe werden in der Simulation zufällige Ausprägungen für die Instanzen gebildet. Hierzu ist aber eine Kenntnis der zu Grunde liegenden Verteilung von Nöten, um korrekte Repräsentationen zu erzeugen. In Ermangelung weiterer Informationen wird oftmals explizit oder implizit eine Normalverteilungsannahme getroffen, die jedoch bei vielen Mobilitätskenngrößen nicht zutreffend ist. Daher werden in dieser Arbeit relevante Kenngrößen der Mobilität für die Nutzung in der Simulation, zur Generierung zufälliger Instanzen oder zur gezielten Auswertung von spezifischen Quantilen neben der statistischen Auswertung durch mathematische Verteilungen angenähert. Diese ermöglichen eine effiziente und präzise Nutzung der empirischen Basis.

7.1.2 Mathematische und statistische Grundlagen

Ein Schwachpunkt vieler empirischer Arbeiten ist die unzureichende Betrachtung der zu Grunde liegenden Verteilungsstrukturen. Oftmals werden nur einzelne Kennwerte wie Mittelwert und ergänzend Standardabweichung zur Beschreibung der Daten verwendet, die aber alleine noch nicht aussagekräftig genug sind. Dies lässt sich anschaulich anhand von Abbildung 9 erläutern.

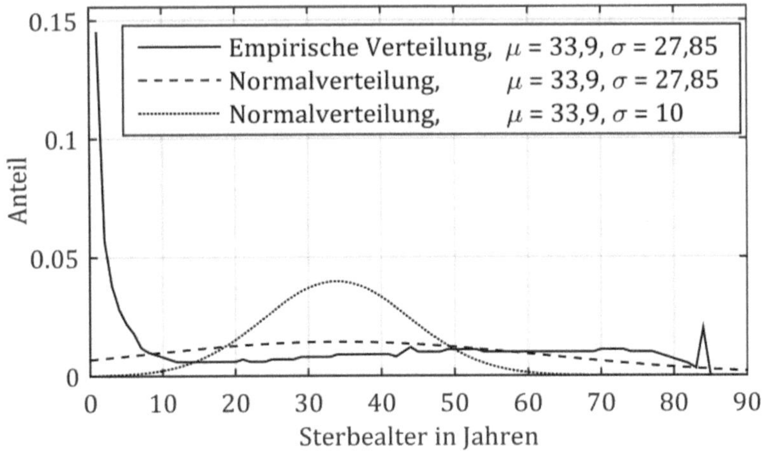

Abbildung 9: Sterbealter in Breslau zwischen 1687 und 1691 nach [HAL93] mit Normalverteilungen

Sie zeigt die Sterblichkeit der Population der Stadt Breslau im späten 17. Jahrhundert [HAL93], welche durch eine hohe Säuglingssterblichkeit geprägt ist. Der Peak bei 84 Jahren kommt durch die Zusammenfassung aller noch höheren Merkmalsausprägungen zu Stande, da diese nicht weiter präzise aufgeschlüsselt werden. Der Mittelwert des Sterbealters liegt bei $\mu = 33{,}9$ Jahren und die Standardabweichung bei $\sigma = 27{,}85$ Jahren. Zusätzlich sind zwei Normalverteilungen abgebildet, eine mit identischem μ und σ, sowie eine mit abweichendem σ.

Die Gegenüberstellung der beiden Verteilungen mit identischem μ und σ zeigt, dass sie deutlich voneinander abweichen, wobei in der Normalverteilung sogar negative Sterbealter und solche weit jenseits der 100 Jahre entstehen. Die Vergleich der drei Kurven zeigt auch, dass das arithmetische Mittel alleine keine zufriedenstellende Repräsentation der Daten gibt, da der Großteil der empirischen Merkmalsausprägungen weit davon entfernt liegt mit allein fast 15 % der Gesamtbeobachtungen innerhalb des ersten Jahres und im Gegensatz zu den Normalverteilungen eine über weite Bereiche sehr ähnliche Sterbewahrscheinlichkeit vorliegt. Daher ist es notwendig, sich in der statistischen Analyse nicht allein auf hochaggregierte Kennwerte zu stützen, sondern mit der zu Grunde liegenden Verteilungsstruktur zu beschäftigen, um sinnvolle Schlüsse aus den Daten ziehen zu können.

Zur Annäherung der im Rahmen dieser Arbeit diskutierten empirischen Verteilungen wird auf Basis von 17 mathematischen Verteilungsfamilien die jeweils beste Übereinstimmung gewählt. Dabei wird die Verteilung bevorzugt, die die geringste Abweichung des Maximum-Liklihood Schätzers bei der Anpassung der Verteilungsparameter aufweist. Die im Rahmen der Mobilitätsanalyse beobachteten Verteilungen sind üblicherweise rechtsschief, weshalb Annäherungen durch symmetrische Verteilungen wie eine Normalverteilung keine zufriedenstellenden Ergebnisse produzieren. Die Form der Verteilung mit vielen kleinen Merkmalsausprägungen und abnehmender Häufigkeit mit zunehmender Merkmalsgröße legt die Anpassbarkeit von schiefen unimodalen Verteilungen wie der Gamma-Verteilung, der Lognormalverteilung, der Weibull-Verteilung oder der Pareto-Verteilung an die Daten nahe.

Der Vergleich des Fits der 17 verschiedenen statistischen Verteilungsfamilien an die empirischen Verteilung zeigt, dass die beste Annäherung der Daten häufig mit einer Generalisierten Pareto-Verteilung [WEI11] mit der in (9) dargestellten Wahrscheinlichkeitsdichtefunktion realisiert werden kann. Diese Verteilungsfamilie wurde erstmals von [PIC75] eingeführt und dann schrittweise weiterentwickelt [EMB97], [KOT00], um die Ausdrucksmächtigkeit zu erhöhen.

$$f(x|k,\sigma_p,\theta) = \left(\frac{1}{\sigma_p}\right)\left(1 + k\frac{(x-\theta)}{\sigma_p}\right)^{-1-\frac{1}{k}};\ für\ \forall x \geq 0,\quad sonst\ 0 \qquad (9)$$

Die Verteilung wird anhand der drei Parameter k für die Form, σ_p für die Skalierung und θ für die Lage an die Daten angepasst.

Für andere empirische Verteilungen im Rahmen dieser Arbeit mit geringerer Schiefe ist die Generalisierte Pareto-Verteilung nicht mehr erste Wahl. In diesen Fällen wird die Gamma-Verteilung für die beste Überdeckung der empirischen Verteilung gewählt.

Die Gamma-Funktion wird durch das in (10) formulierte Integral [HAH67] beschrieben und kann als Generalisierung der Exponentialverteilung interpretiert werden:

$$\Gamma(x) = \int_0^\infty e^{-t} t^{x-1}\, dt \tag{10}$$

Daraus ergibt sich für die Wahrscheinlichkeitsdichtefunktion die in (11) formulierte Gestalt [HAH67] mit Formparameter a und Skalierparameter b:

$$f(x|a,b) = \frac{1}{b^a \Gamma(a)} x^{a-1} e^{\frac{-x}{b}};\ für\ \forall x > 0, sonst\ 0 \tag{11}$$

7.2 Basiswerte der Mobilität

Die Analyse der Basiswerte der Mobilität basiert, so weit nicht weiter eingeschränkt, auf 125254 Fahrten, die in 80 batterieelektrischen Fahrzeugen im Zeitraum zwischen dem 05.01.2011 und dem 31.12.2013 erfasst wurden.

7.2.1 Fahrtlänge

Die Empirische Verteilungsfunktion (EVF) der Fahrtlänge aller Einzelfahrten ist in Abbildung 10 dargestellt.

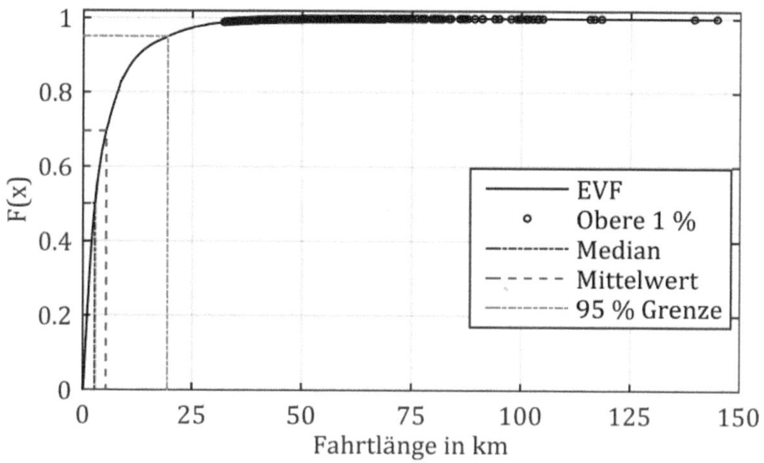

Abbildung 10: EVF der Fahrtlänge der Einzelfahrten

Die Analyse zeigt eine maximale Einzelfahrtlänge von 144,7 km. Derart lange Fahrten stellen jedoch seltene Ausnahmen dar, denn 95 % aller Fahrten sind kürzer als 19,4 km und 99 % kürzer als 32,7 km. Der Schwerpunkt der Verteilung liegt auf Kurzstreckenmobilität mit einem arithmetischen Mittelwert von 5,2 km und einem Median von 2,7 km. Die deutliche Diskrepanz von Median und Mittelwert kommt durch die Rechtsschiefe der Verteilung zu Stande, weshalb der Median als wichtigster Lageparameter angesehen wird, da das arithmetische Mittel stark von den seltenen hohen Werten beeinflusst wird. Ca. 70 % der Werte sind kleiner als das arithmetische Mittel.

Die Betrachtung der Wartezeiten zwischen zwei Fahrten zeigt eine weitere systemimmanente Problematik, die aus der Abgrenzung von Einzelfahrten auf Basis des Zündsignals resultiert. Abbildung 11 zeigt die EVF der Wartezeit zwischen zwei Fahrten im Bereich bis 300 min.

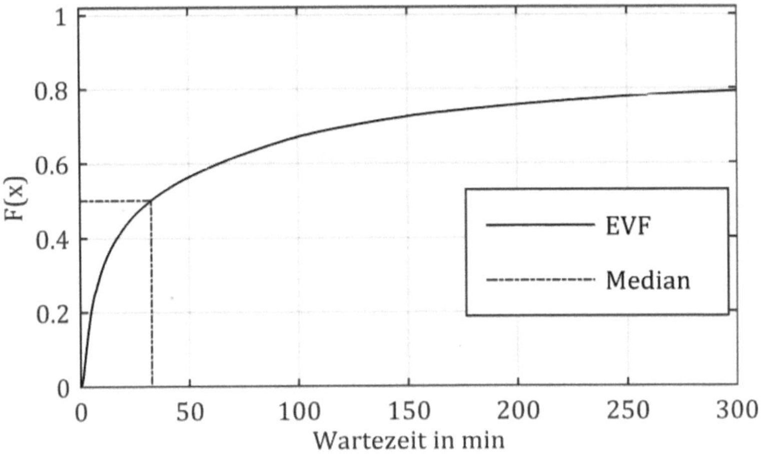

Abbildung 11: EVF der Wartezeit zwischen zwei Fahrten bis 300 min

Auffällig ist der steile Anstieg aus dem Ursprung heraus, der eine Häufung kurzer Wartezeiten widerspiegelt. Es wird jedoch nicht als sinnvoll erachtet, Fahrten mit kurzen Unterbrechungen dazwischen als einzelne Ereignisse zu betrachten, nur weil zwischenzeitlich die Zündung deaktiviert war. Im weiteren Verlauf sollen diese Fahrten jeweils gemeinsam als Etappen eines Mobilitätsereignisses gesehen werden, das durch einen oder mehrere kurze Stopps unterbrochen ist. Hierfür werden sowohl Fahrtlänge als auch Fahrtdauer der zusammenliegenden Einzelfahrten inklusive der Unterbrechungsdauer kombiniert. Die Grenze wird dabei analog zur Grenze der automatisierten Trennung von Fahrten (siehe 6.1.1) auf 15 Minuten definiert. Dies führt zu 46704 Kombinationen von Fahrtsegmenten und einer Gesamtzahl von 78550 Fahrten.

Die Verteilung der per Fahrtkombination in die Fahrten hinzugenommenen Zwischenzeiten ist in Abbildung 12 ersichtlich. Die mittlere Zeit liegt bei 5,7 min und der Median bei 4,7 min, 86 % der Zwischenzeiten bleiben unter 10 min.

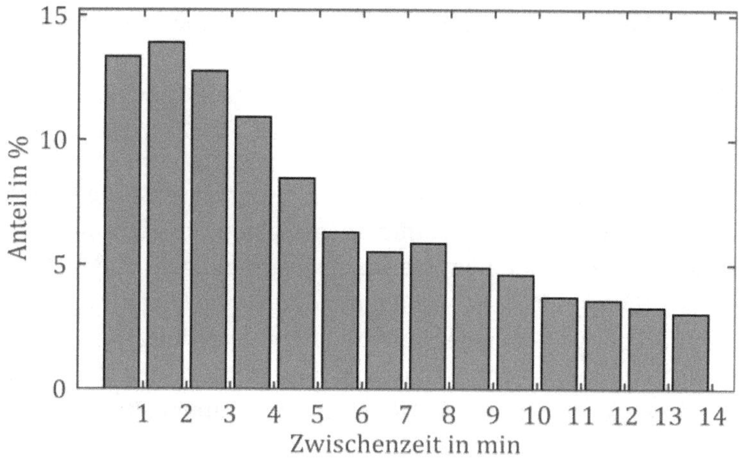

Abbildung 12: Zwischenzeiten rekombinierter Fahrtsegmente

Die aus der Kombination resultierende EVF der Fahrtlänge ist in Abbildung 13 zu sehen, wobei sich alle relevanten statistischen Lageparameter nun zu größeren Längen verschoben haben.

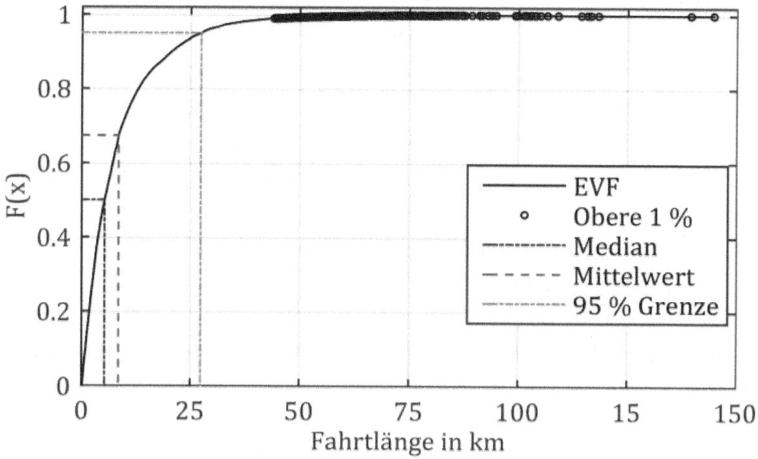

Abbildung 13: EVF der kombinierten Fahrtlänge

Die Verteilung weist einen Median von 5,2 km sowie einen arithmetischen Mittelwert von 8,4 km auf. Das obere Quartil liegt bei 10,7 km und 95 % der kombinierten Einzelfahrten sind kürzer als 27,4 km. Das kombinierte Maximum liegt bei 144,7 km.

Auch nach Rekombination der Einzelfahrtsegmente ist die Verteilung der Fahrtlänge noch deutlich rechtsschief. Die Form der Verteilung mit vielen kleinen Merkmalsausprägungen und abnehmender Häufigkeit mit zunehmender Fahrtlänge legt die Anpassbarkeit von schiefen unimodalen Verteilungen wie der Gamma-Verteilung, der Lognormalverteilung, der Weibull-Verteilung oder der Pareto-Verteilung an die Daten nahe.

Der Fit von insgesamt 16 verschiedenen statistischen Verteilungsfamilien an die empirische Verteilung der Fahrtlänge zeigt, dass die beste Annäherung der Daten mit einer Generalisierten Pareto-Verteilung (siehe 7.1.2) mit der in (9) dargestellten Wahrscheinlichkeitsdichtefunktion realisiert werden kann.

Der Parameter k hat den Wert 0,13, σ_p den Wert 7,28 und $\theta = 0{,}02$. Der χ^2-Test und der Kolmogorov-Smirnov-Test auf Generalisierte Pareto-Verteilung lehnen die Nullhypothese ab, was bedeutet, dass die Daten nicht genau der Verteilung folgen. Aber dennoch lässt sich mit ihr eine sehr gute Näherung und Zusammenfassung der Daten erzielen. Die Generalisierte Pareto-Verteilung hat einen Median von 5,2 km und einen Mittelwert von 8,4 km und trifft damit den empirischen Median exakt und liegt vom arithmetischen Mittel 0,1 km entfernt.

Abbildung 14 zeigt den Vergleich der empirischen Häufigkeit der Fahrtlänge in Klassierung mit 1 km Klassenbreite im Vergleich zum ermittelten Verteilungsfit. Die Darstellung ist auf den Bereich bis 70 km begrenzt, da darüber hinaus keine visualisierbaren Anteile der Merkmalsausprägungen auftreten.

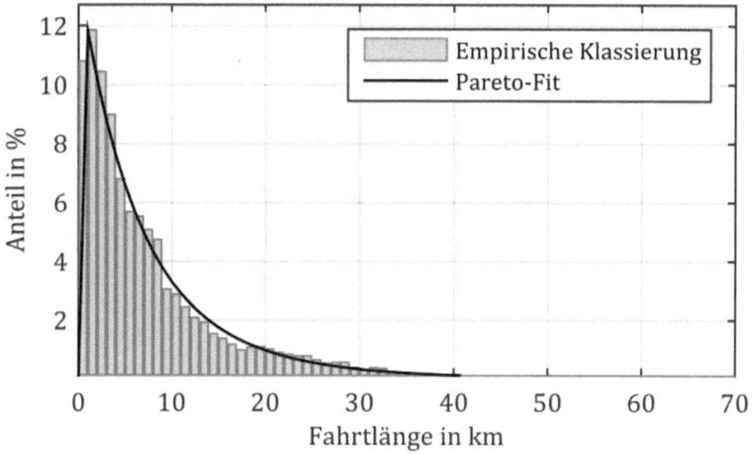

Abbildung 14: Klassierung der kombinierten Fahrtlänge mit Pareto-Fit

Die Ähnlichkeit der Verteilungen lässt sich außerdem anhand des P-P-Plots in Abbildung 15 beurteilen. Bei perfekter Übereinstimmung würde die Kurve überall auf der gestrichelten 1:1-Linie liegen. So ist zu sehen, dass der Fit die empirische Wahrscheinlichkeit teilweise geringfügig über- oder unterschätzt, aber im Allgemeinen mit hinreichender Genauigkeit trifft.

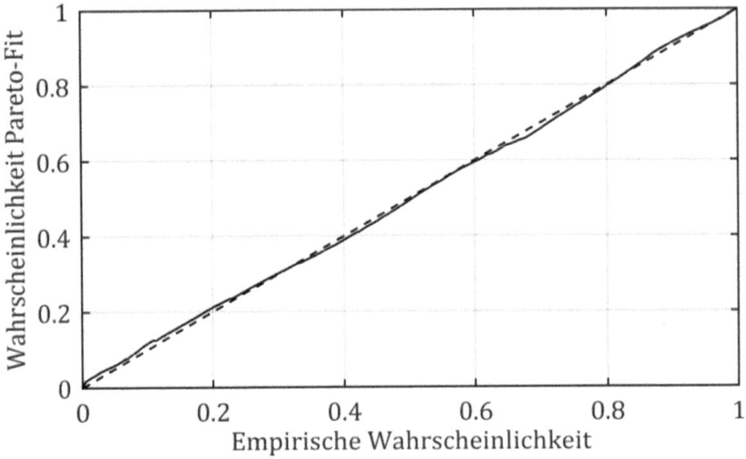

Abbildung 15: P-P-Plot des Pareto-Fits und der empirischen Verteilung der Fahrtlänge

7.2.2 Fahrtdauer

Aus den Fahrten mit vorwiegend kurzer Distanz resultieren entsprechend kurze Dauern mit einem Median von 6,9 min und einem Mittelwert von 10,4 min. Dabei sind, wie in Abbildung 16 gezeigt, 95 % aller Einzelfahrten kürzer als 30,8 min.

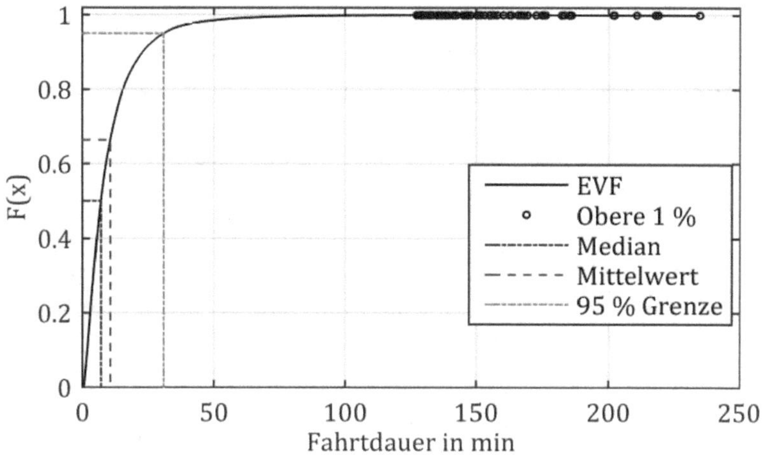

Abbildung 16: EVF der Fahrtdauer der Einzelfahrten

Durch Kombination der Einzelfahrten und Hinzunahme der Pausen analog zu Kapitel 7.2.1 ergibt sich das in Abbildung 17 gezeigte Bild.

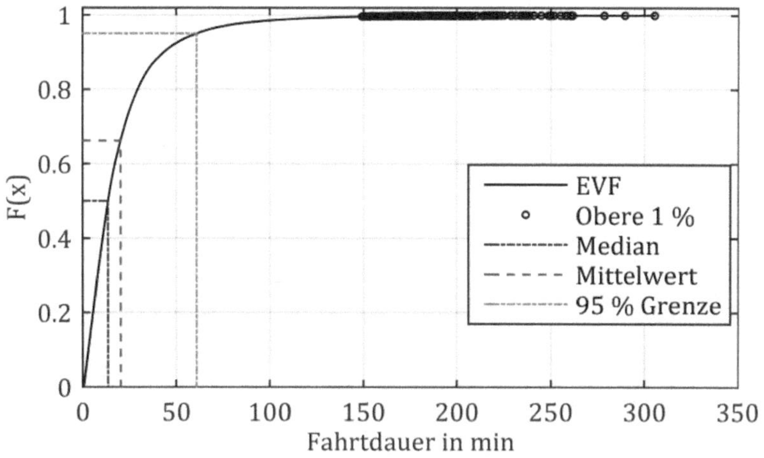

Abbildung 17: EVF der kombinierten Fahrtdauer

Der Median liegt nun bei 13,3 min, das arithmetische Mittel bei 20 min. Drei Viertel aller kombinierten Fahrten sind kürzer als 25,2 min und 95 % kürzer als 60,8 min.

Auch diese Verteilung lässt sich nach Kapitel 7.1.2 mit einer Generalisierten Pareto-Verteilung annähern. Der Parameter k hat den Wert 0,08, σ_p den Wert 18,22 und $\theta = 0{,}17$. Der χ^2-Test und der Kolmogorov-Smirnov-Test auf Generalisierte Pareto-Verteilung zeigen erneut, dass es sich nur um eine Näherung, aber keine genaue Überdeckung der Messdaten handelt. Dennoch lässt sich mit ihr eine sehr gute Repräsentation der Daten erzielen. Die Generalisierte Pareto-Verteilung hat einen Median von 13,2 min und einen Mittelwert von 20 min und trifft damit das empirische arithmetische Mittel exakt und liegt vom Median lediglich 0,1 min entfernt.

Abbildung 18 zeigt die Nähe des Fits zur empirischen Verteilung. Die kumulierte Wahrscheinlichkeit wird durch den Fit in der unteren Hälfte über- und in der oberen Hälfte leicht unterschätzt.

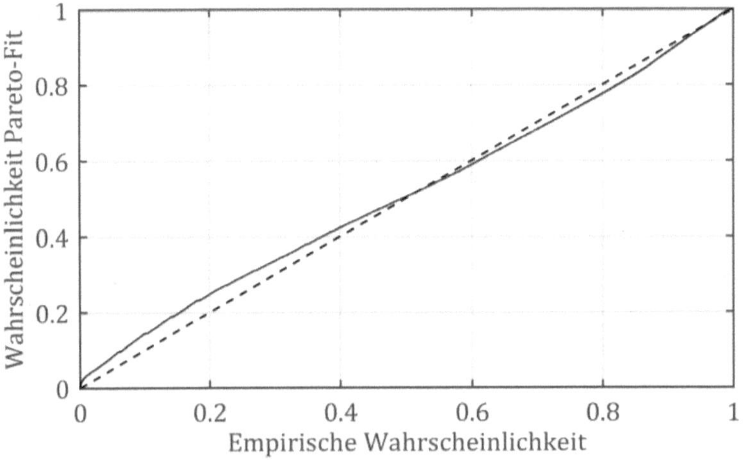

Abbildung 18: P-P-Plot des Pareto-Fits und der empirischen Verteilung der Fahrtdauer

7.2.3 Innerortsanteil

Die dargelegten überwiegend kurzen Fahrten resultieren aus der deutlich überwiegenden Nutzung im nahen, urbanen Umfeld, wo üblicherweise keine langen Wege bis zum Ziel zurückzulegen sind. Wie Abbildung 19 zeigt, haben 75,8 % der beobachteten Fahrten einen Innerortsanteil von mindestens 90 % und nur 10,1 % der Fahrten haben einen Innerortsanteil von 70 % oder weniger. Vorwiegende Überlandfahrten machen lediglich 2,6 % der Beobachtungen aus.

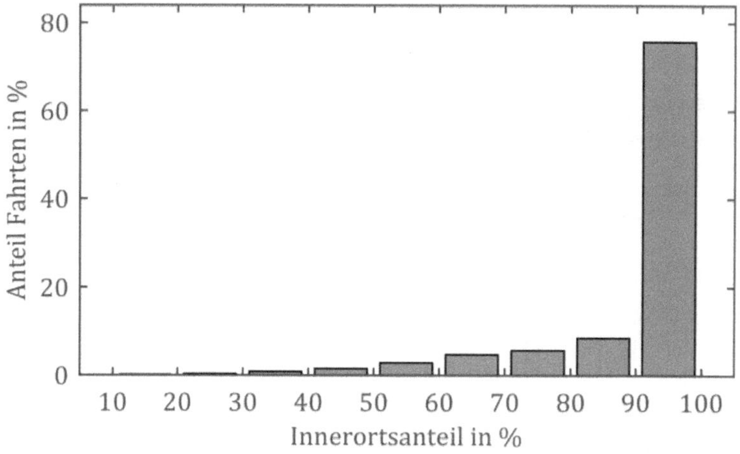

Abbildung 19: Verteilung des Innerortsanteils je Fahrt

Der Innerortsanteil stellt den Nutzungsanteil innerhalb geschlossener Ortschaften dar. Er ist für diese Auswertung als der Anteil der Geschwindigkeitswerte unter 60 km/h am gesamten Geschwindigkeitsprofil einer Fahrt definiert, wobei die übliche Maximalgeschwindigkeit für Innerortsverkehr von 50 km/h plus eine Toleranz von 10 km/h zu Grunde gelegt wurden. Höhere Geschwindigkeiten werden im Normalfall nur außerorts erreicht.

7.2.4 Bewegungsraum

Eine weitere wichtige Beurteilungsgröße für die Nutzung von Fahrzeugen ist der Bewegungsraum. Der Bewegungsraum ist hier definiert als der kleinstmögliche Kreis, der den gesamten geografischen Nutzungsraum eines Fahrzeugs einschließt. Hierdurch lässt sich eindeutig bestimmen, ob ein Fahrzeug lediglich im regionalen Umfeld oder auch für Fernverkehrsereignisse eingesetzt wird. Die bisher präsentierten Ergebnisse haben gezeigt, dass die Fahrzeuge vorwiegend auf Kurzstrecken im urbanen Umfeld eingesetzt werden. Die Bewegungsraumanalyse offenbart, dass 83 % der beobachteten Fahrzeuge im Untersuchungszeitraum nie weiter als 50 km von ihrem geografischen Schwerpunkt der Nutzung wegbewegt wurden. Die Häufigkeitsverteilung der Radien der kreisförmigen Bewegungsräume ist in Abbildung 20 zu sehen.

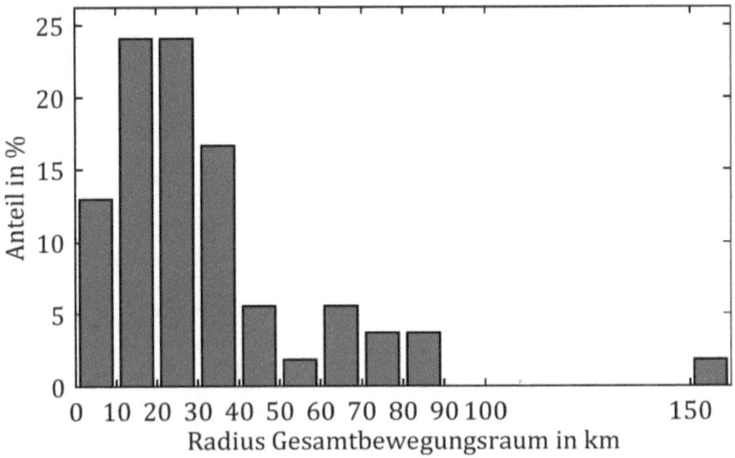

Abbildung 20: Verteilung des Gesamtbewegungsraums je Fahrzeug

Der mittlere Radius des Gesamtbewegungsraums liegt bei 32,3 km und der Median bei 24,4 km. Die Fahrzeuge bleiben zu 95 % in einem Radius von maximal 82,3 km.

7.2.5 Durchschnittsgeschwindigkeit

Die Durchschnittsgeschwindigkeiten der Fahrten spiegeln die vorwiegend urbane Nutzung wider (siehe Abbildung 21).

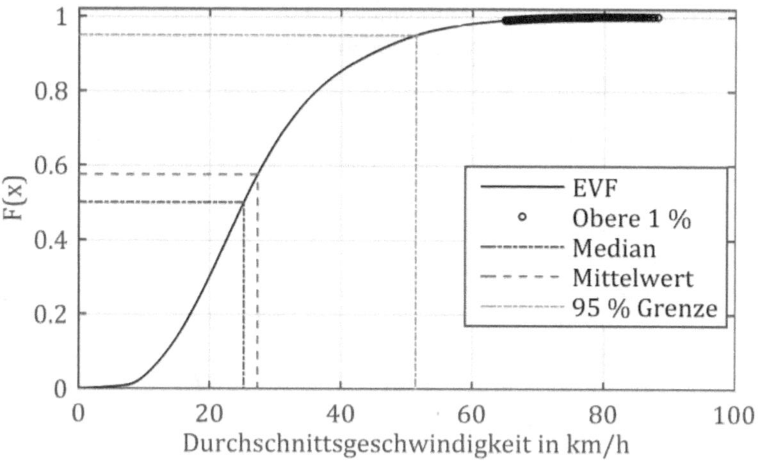

Abbildung 21: EVF der Durchschnittsgeschwindigkeit

Der Median der Verteilung liegt bei 25,2 km/h und Mittelwert bei 27,3 km/h. Ein Anteil von 95 % der Fahrten liegt unter 51,4 km/h Durchschnittsgeschwindigkeit. Die Rekombination der Fahrten führt in diesem Fall zu keiner qualitativen Veränderung der Kurve und die Lageparameter verschieben sich durch Hinzunahme der Stillstandszeiten zwischen den Fahrten nur leicht hin zu niedrigeren Geschwindigkeiten. Der Median der Durchschnittsgeschwindigkeiten der kombinierten Fahrten liegt bei 23,9 km/h und der Mittelwert bei 26,3 km/h. Die 95 %-Grenze hat sich zu 52,7 km/h leicht erhöht, da die Kombinationen vorwiegend bei Stadtfahrten stattgefunden haben und sich die Gesamtzahl der Stadtfahrten somit überproportional reduziert hat.

Auch für diese empirische Verteilung kann eine zufriedenstellende funktionale Annäherung gefunden werden, in diesem Fall auf

Grund der geringeren Schiefe jedoch mit einer Gammaverteilung (siehe 7.1.2). Der Parameter a nimmt für die Annäherung der Wahrscheinlichkeitsdichte der Durchschnittsgeschwindigkeiten den Wert 3,57 an und b den Wert 7,37. Die Überdeckung der so erstellten Wahrscheinlichkeitsdichtefunktion mit der Klassierung der empirischen Verteilung ist in Abbildung 22 dargestellt.

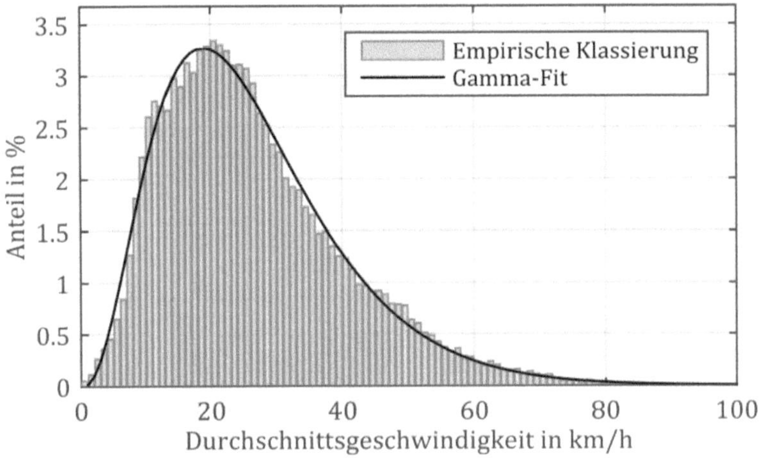

Abbildung 22: Klassierung der kombinierten Durchschnittsgeschwindigkeit mit Gamma-Fit

Einen weiteren Eindruck der nahezu vollständigen Überdeckung der Messdaten durch die Gamma-Verteilung gibt der P-P-Plot in Abbildung 23, der kaum Abweichungen aufweist von der Diagonalen, die die perfekte Überdekung anzeigt.

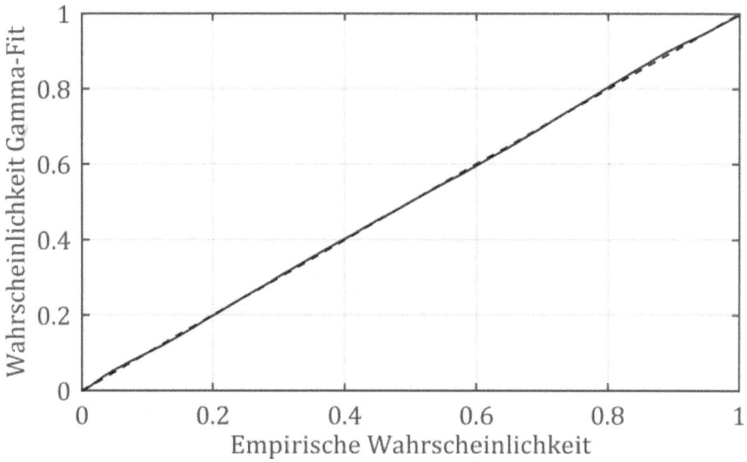

Abbildung 23: P-P-Plot des Gamma-Fits und der empirischen Verteilung der Durchschnittsgeschwindigkeit

7.2.6 Nutzung im Tagesverlauf

Abbildung 24 zeigt die Anfangszeitpunkte der Fahrten im Tagesverlauf als bimodale Verteilung. Hieraus wird ersichtlich, dass es einen Schwerpunkt der Nutzung am Vormittag zwischen 9 Uhr und 10 Uhr gibt, sowie am frühen Nachmittag zwischen 13 Uhr und 14 Uhr. Nach 20 Uhr und vor 5 Uhr startet nur ein vernachlässigbar kleiner Anteil der Fahrten, sodass davon ausgegangen werden kann, dass die Fahrzeuge in diesem Zeitraum vorwiegend mit dem Stromnetz verbunden sind, da sie üblicherweise nach der letzten Fahrt des Tages zum Laden angeschlossen werden. Die lange nächtliche Stillstandsdauer offenbart ein großes Potential für gesteuertes Laden mit einem Start in den Nachtstunden, um eine zusätzliche Belastung des Stromnetzes in den ohnehin verbrauchsintensiven Abendstunden zu vermeiden. Es kann darüber hinaus in Spitzenverbrauchszeiten eine Rückspeisung von Restenergie aus der Fahrzeugbatterie ins Stromnetz in Betracht gezogen werden.

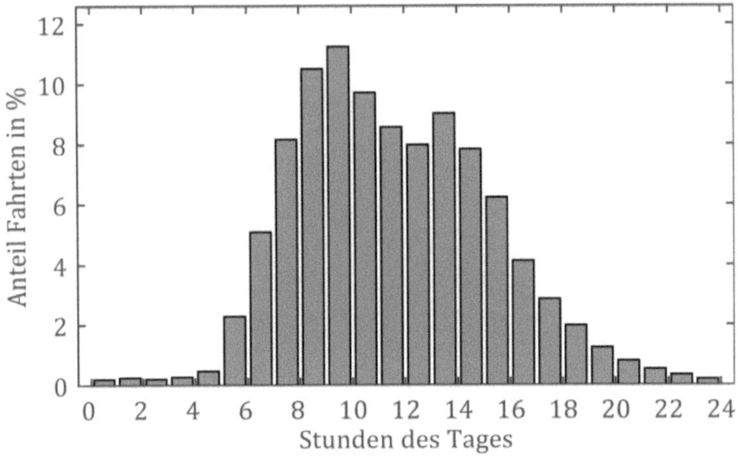

Abbildung 24: Verteilung des Startzeitpunkts der Fahrt im Tagesverlauf

7.2.7 Mobile Tage

Neben der Einzelfahrtstrecke ist die Gesamtstrecke eines mobilen Tages, die Tagesfahrtweite, als zentrale Auslegungskenngröße anzusehen. Viele Einzelfahrten enden an Punkten, an denen derzeit keine Möglichkeit zum Nachladen der Batterie gegeben ist oder bieten schlicht nicht genug Zeit zum Nachladen bis zum Beginn der nächsten Fahrt. Darüber hinaus wird es als großes Akzeptanzhindernis gesehen, wenn der Nutzer das Fahrzeug zu häufig mit der Ladeinfrastruktur verbinden muss, da dies insbesondere beim konduktiven Laden einen spürbaren Mehraufwand darstellt. Für eine bedarfsgerechte Reichweitenauslegung kann daher gefordert werden, dass das Fahrzeug einen regulären Nutzungstag ohne zwischenzeitliches Nachladen absolvieren kann. Untertägiges Nachladen sollte nur in Ausnahmefällen nötig sein, weshalb die Gesamtstrecke der mobilen Tage zu untersuchen ist.

Ein mobiler Tag wird hier als ein Tag definiert, an dem mit dem betrachteten Fahrzeug mindestens eine Fahrt stattgefunden hat.

Für die Analyse der Nutzungshäufigkeit, der Standzeiten und der mobilen Tage werden lediglich die Daten der festverbauten Datenlogger miteinbezogen, da nur bei ihnen gewährleistet ist, dass alle Fahrten erfasst wurden. Bei den mobilen Datenloggern ist nicht sicher, dass sie für jede Fahrt aktiviert wurden, weshalb diese garantiert lediglich eine Untermenge der Fahrten im Beobachtungszeitraum abbilden.

Die Analyse basiert auf 117187 Fahrtsegmenten, die sich auf 20339 mobile Tage aufteilen. Dies ergibt eine mittlere Fahrtsegmentzahl von 5,8 und einen Median von 4 Fahrten je mobilem Tag. Nach Rekombination der Fahrtsegmente bleiben 72246 Fahrten mit einer mittleren Fahrtanzahl von 3,5 und einem Median von 3 Fahrten je mobilem Tag.

Die Tagesfahrtweiten liegen hierbei im Mittel bei 28,8 km und der Median beträgt 20,6 km. 95 % aller mobilen Tage bleiben unter 81,1 km Fahrtstrecke und 100 km werden nur an 1,9 % der mobilen Tage überschritten (siehe Abbildung 25).

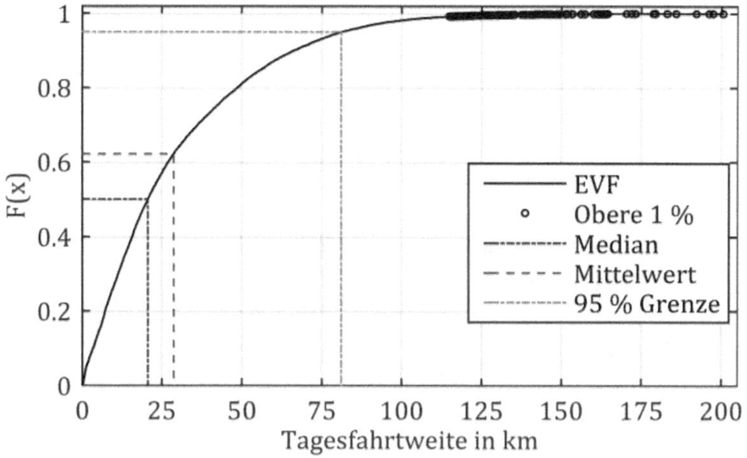

Abbildung 25: EVF der Tagesfahrtweite

Erwartungsgemäß bietet sich, wie bei der Einzelfahrtlänge auch, für die Gesamtfahrtlänge eines Tages die Generalisierte Pareto-Verteilung als bestes Modell für die Daten an.

Die Parameter der Verteilung liegen bei $k = -0{,}11$, $\sigma_p = 31{,}88$ und $\theta = 0{,}04$. Der Mittelwert der Verteilung liegt bei 28,8 km und der Median bei 21,3 km. Damit wird der Mittelwert der empirischen Verteilung exakt getroffen und der Median bis auf 0,7 km angenähert.

Die Modellgüte lässt sich darüber hinaus anhand des P-P-Plots in Abbildung 26 bewerten.

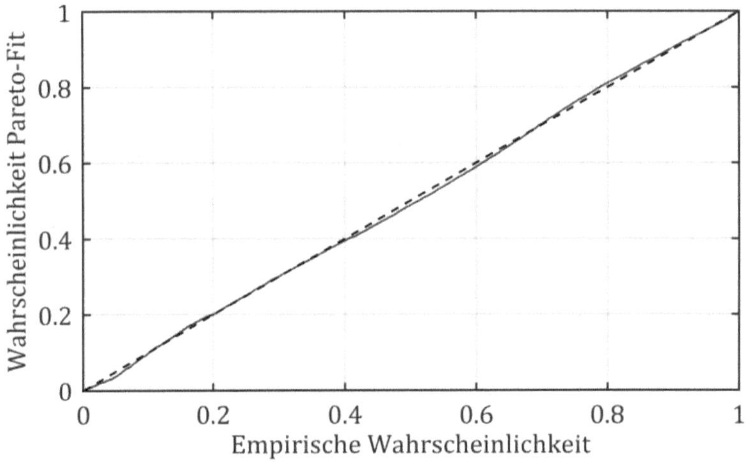

Abbildung 26: P-P-Plot des Pareto-Fits und der empirischen Verteilung der Tagesfahrtweite

Die durchschnittliche Fahrzeit eines mobilen Tages liegt bei 56 min und der Median bei 43,2 min. Insgesamt beträgt die Mobilitätsdauer an 95 % der Tage weniger als 151,2 min.

7.2.8 Nutzungshäufigkeit und Standzeiten

Analog zum mobilen Tag wird eine mobile Woche definiert als Woche, in der mit dem betrachteten Fahrzeug mindestens eine Fahrt stattgefunden hat. Die Verteilung der Anzahl der mobilen Tage je mobiler Woche ist in Abbildung 27 zu sehen.

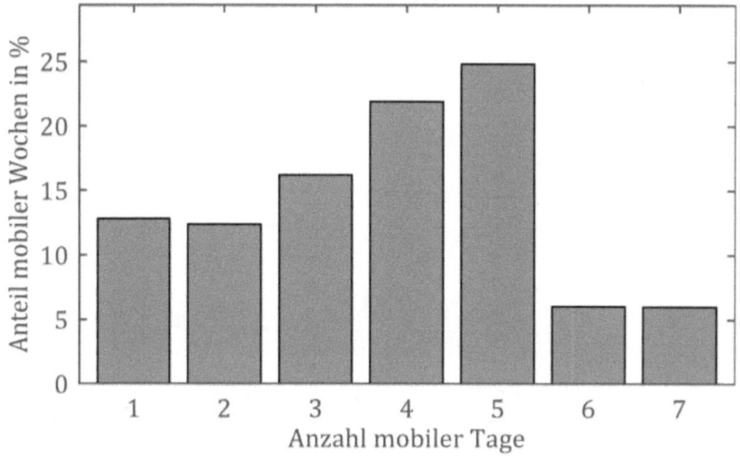

Abbildung 27: Anzahl mobiler Tage pro mobiler Woche

Im Mittel werden die Fahrzeuge an 3,8 Tagen pro mobiler Woche bewegt, der Median liegt bei 4 Tagen pro Woche. Das zeugt einerseits von einer regelmäßigen Nutzung der Fahrzeuge, spiegelt aber auch wieder, dass die Fahrzeuge die meiste Zeit geparkt sind. Bei den untertägigen Pausen zwischen zwei Fahrten kann nicht generell ein Zugang zu Ladeinfrastruktur vorausgesetzt werden. Es kann jedoch angenommen werden, dass die Fahrzeuge zum Ende des Tages üblicherweise wieder am Firmensitz abgestellt und mit der Ladeinfrastruktur verbunden werden. Somit resultiert ein enormes Potential zur erweiterten Einbindung der Elektrofahrzeuge ins Stromnetz zum bidirektionalen Laden, wofür die Fahrzeuge in den meisten Wochen für mehrere Tage ganztägig zur Verfügung stünden.

Abbildung 28 zeigt die empirische Verteilungsfunktion der Abstellzeit. Aus Gründen der Übersichtlichkeit wird nur der Bereich bis 7 Tage visualisiert.

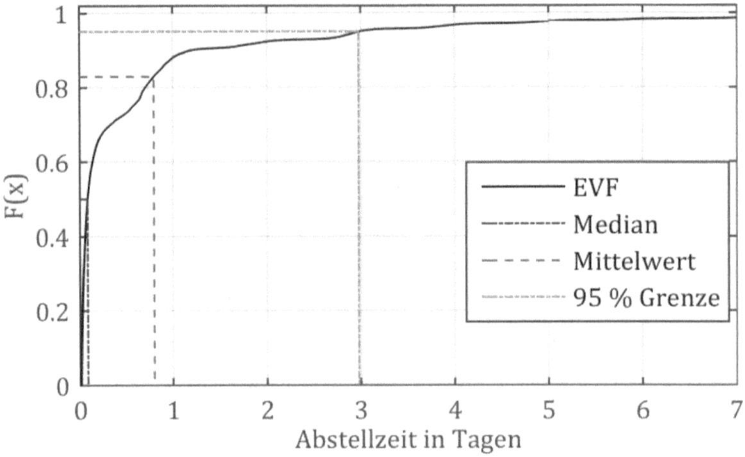

Abbildung 28: EVF der Abstellzeit bis 7 Tage

Einerseits wird hier deutlich, dass viele Fahrten in zeitlich recht kurzer Abfolge aufeinander durchgeführt werden, wobei Pausen unter 15 min schon aus der Betrachtung genommen sind, da sie als Teil eines Mobilitätsereignisses gesehen werden. Der Median der Abstellzeit liegt bei 115 min. Gleichzeitig werden die Fahrzeuge jedoch auch zu 25 % für mindestens 13,7 Stunden abgestellt und zu 12 % für länger als einen Tag.

7.3 Modalwerte der Mobilität

Neben den Basiswerten der Mobilität sind die Modalwerte von entscheidender Bedeutung. Sie beschreiben die Art und Weise der Nutzung. Zentrale Variablen hierbei sind die gewählte Fahrgeschwindigkeit und die realisierten Beschleunigungen. Sie haben großen Einfluss auf die Zufriedenheit mit dem Fahrzeug, da der

Nutzer unmittelbar wahrnimmt, wenn er die Grenze der Leistungsfähigkeit des Fahrzeugs erreicht. Dies sollte nicht zu oft geschehen, da das Fahrzeug sonst als unterdimensioniert wahrgenommen wird. Die Modalwerte sind darüber hinaus entscheidend, um eine Differenzierung des Fahrzeugs gegenüber dem Wettbewerbsumfeld vorzunehmen, wenn davon ausgegangen werden kann, dass die Basiswerte bei für den Kunden relevanten Fahrzeugen generell erfüllt werden. Nach dem Kano-Modell zur Analyse von Kundenwünschen [KAN84] stellen die Basiswerte der Mobilität somit „Must-be requirements" dar, die vom Kunden vorausgesetzt werden. Ihr Vorhandensein bewirkt keine Begeisterung, lediglich Nichterfüllung führt zu Unzufriedenheit. Im Bereich der Modalwerte sind dann die „Attractive requirements" größtenteils zu finden, die eine Begeisterung beim Kunden auslösen können. Das kann beispielsweise ein ansprechendes Beschleunigungsvermögen sein, aber auch eine schnell und effizient wirkende Heizung. Für den Sonderfall Elektrofahrzeug kann jedoch auch die Reichweite ein Begeisterungsmerkmal darstellen, wenn die üblichen Ausprägungen unterhalb der Kundenanforderungen liegen.

Folglich muss den Grenzen der Modalwerte bei der Auslegung besondere Sorgfalt zuteil werden, um ein attraktives Produkt zu gestalten, das in der Lage ist, den Kunden positiv zu beeindrucken.

Neben fahrdynamischen Kenngrößen umfassen die Modalwerte auch energetische Größen wie den Komfortenergieverbrauch durch den Einsatz von Nebenaggregaten oder generell den Umgang mit dem Energiespeicher.

7.3.1 Geschwindigkeitsprofil

Das über alle Fahrten hinweg ermittelte Geschwindigkeitsprofil ist in Abbildung 29 zu sehen. Für diese zeitbasierte Analyse sind die Daten mit einer Auflösung von 1 Hz klassiert.

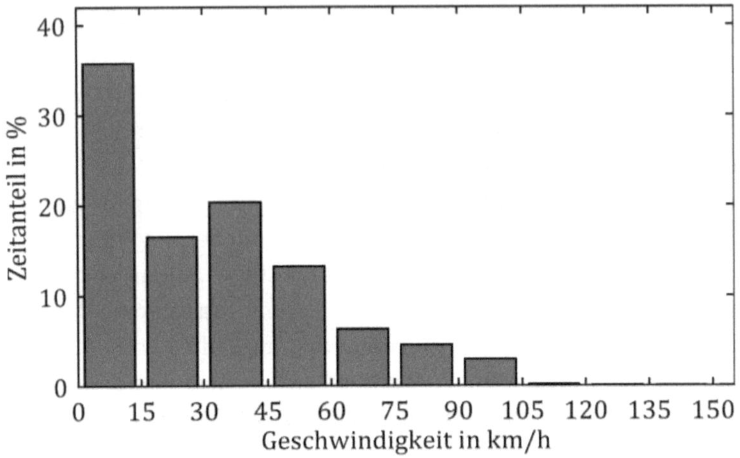

Abbildung 29: Zeitanteil je Fahrgeschwindigkeitsklasse

Auch dabei ist wieder deutlich die dominant städtische Nutzung zu erkennen. Diese äußert sich einerseits in dem Anteil von ca. 35 % in der Klasse von 0-15 km/h, der die häufigen Stillstandsphasen an Ampeln und Kreuzungen aber auch Stop-and-go-Betrieb und Anfahren etc. beinhaltet. Die zweitwichtigste Klasse ist der Bereich von 30-45 km/h, in dem sich ein Großteil des städtischen Verkehrs abspielt. Die Häufigkeit für Geschwindigkeiten jenseits der 100 km/h ist im Gesamtbild vernachlässigbar und nicht zuletzt auch darin begründet, dass einer der untersuchten Fahrzeugtypen bei 100 km/h seine bauartbedingte Höchstgeschwindigkeit erreicht. Generell lässt sich aber feststellen, dass die Aufenthaltsdauer ab der Klasse zwischen 30 und 45 km/h mit zunehmender Fahrgeschwindigkeit sinkt. Die zeitbasierte Betrachtung ist vor allem relevant, wenn es um die Komfortauslegung des Fahrzeugs geht. Wenn ein Fahrzeug in einem Geschwindigkeitsbereich einen schlechteren Schwingungs- oder Akustikkomfort bietet, dann ist für die Zufriedenheit des Nutzers entscheidend, wie lange er sich in dem relevanten Bereich aufhält. Auch die Energieaufnahme durch Nebenverbraucher ist eine zeitabhängige Größe und der Anteil hierfür umso bedeutender, je weniger Energie für den Antrieb aufgewendet werden muss, was von der Geschwindigkeit abhängt.

Für die energetische Auslegung des Antriebssystems ist jedoch eine wegbasierte Betrachtung notwendig, denn die hier relevante Größe ist die während der Fahrt zu verrichtende Arbeit zur Überwindung der Fahrwiderstände, die sich wiederum aus dem Produkt der Zugkraft mit dem Weg errechnet. Die wegbasierte Analyse ist in Abbildung 30 zu sehen.

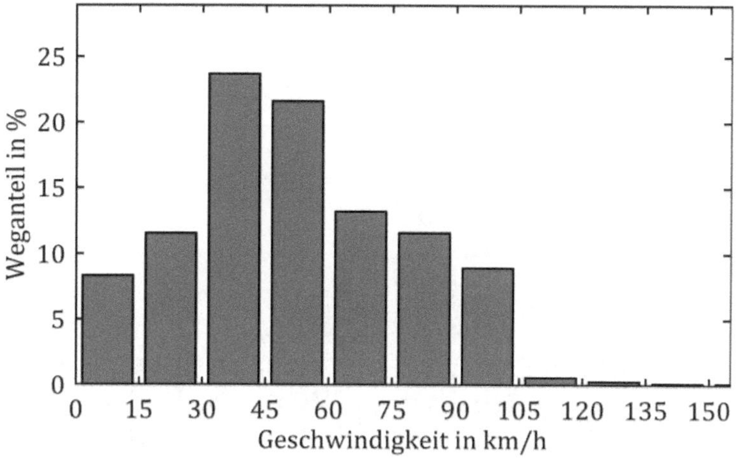

Abbildung 30: Weganteil je Fahrgeschwindigkeitsklasse

Hieraus wird ersichtlich, dass bei der Antriebsauslegung auf eine möglichst hohe Effizienz im Bereich zwischen 30 bis 60 km/h Wert zu legen ist, da in diesem Bereich der größte Weganteil zurückgelegt wird. Aber trotz vorwiegend städtischer Nutzung ist auch der mögliche Effizienzgewinn durch aerodynamische Maßnahmen nicht zu unterschätzen. Im Geschwindigkeitsbereich ab 75 km/h, in dem der Luftwiderstand den dominanten Fahrwiderstand darstellt [HAK15], werden 21,7 % der gefahrenen Strecke zurückgelegt. Da gerade hier eine große Zugkraft zur Überwindung der Fahrwiderstände benötigt wird, wirken sich Verbesserungen in diesem Bereich merklich auf die Gesamteffizienz des Fahrzeugs aus.

Ab der Klasse bis 45 km/h fallen die Zeitanteile der Klassen mit zunehmender Geschwindigkeit ab. Der Bereich jenseits der 105 km/h wirkt hierbei nahezu vernachlässigbar. Dies ist jedoch durch die bauartbedingte Höchstgeschwindigkeit eines Fahrzeugtyps statistisch verzerrt. Betrachtet man nur dieses limitierte Geschwindigkeitsprofil in feinerer Auflösung (siehe Abbildung 31), so wird klar, dass es sich hierbei um keine frei gewählte Ausprägung handelt.

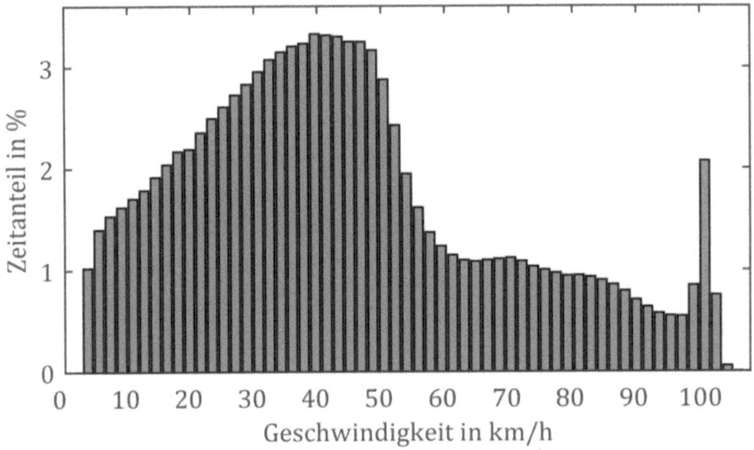

Abbildung 31: Geschwindigkeitsprofil mit Limitierung bei 100 km/h

Die Verteilung weist einen deutlichen Peak im Bereich der Limitierung auf mit ca. 3,5 % der Fahrzeit. Dies stellt ein potentielles Akzeptanzhindernis dar, denn anders als bei kurzzeitig wirkenden Beschleunigungsspitzen handelt es sich bei der Fahrgeschwindigkeit um eine Größe, die vom Nutzer bewusst quantitativ gewählt wird und für längere Zeit bestimmend ist, weshalb hier eine klar spürbare Konfrotation mit der Limitierung stattfindet.

Die Verteilungen der Fahrzeugtypen mit größeren Höchstgeschwindigkeiten hingegen laufen am rechten Rand sanft aus ohne den Nutzer zu limitieren. Auch bei ihnen tritt jedoch jenseits von 110 km/h auf Grund der seltenen Autobahnnutzung nur noch ein vernachlässigbarer Anteil von 0,5 % der Messwerte auf.

7.3.2 Beschleunigungen

Für die Analyse der Längsdynamik wird nur auf Datensätze zurückgegriffen, die eine kontinuierliche Aufzeichnung der Fahrgeschwindigkeit und damit die Möglichkeit der Rekonstruktion des Längsbeschleunigungsverlaufs bieten (siehe 6.2.1). In [REI11] wurden die wirkenden Beschleunigungen in unterschiedlichen Klassen von konventionellen Fahrzeugen statistisch untersucht, jedoch anhand von Gesamtfahrten. Diese Betrachtungsweise ist zur Ermittlung der Betriebslasten für eine Lebensdauerauslegung des Fahrzeuges geeignet. Für eine aussagekräftige Analyse des Beschleunigungsbedarfs der Nutzer genügt es aber nicht, ein Histogramm der Längsbeschleunigungswerte der gesamten Fahrt auszuwerten, da dies durch Konstantfahrtphasen beeinflusst wird, die sich längsdynamisch nicht relevant auswirken. So kann das bereitgestellte Beschleunigungsvermögen des Fahrzeugs beispielsweise in 99 % der Fahrzeit den Kundenanforderungen entsprechen, da Konstantfahranteile im normalen Fahrbetrieb ohnehin überwiegen. Stößt der Kunde im Beispiel mit seiner Beschleunigungsanforderung jedoch bei jedem zweiten Anfahrvorgang an die Grenze des Leistungsvermögens des Fahrzeugs, wird dies gravierende Auswirkungen auf die Zufriedenheit mit dem Fahrzeug haben. Die Zeitinformation ist daher in den Daten notwendig, um die Auswertung auf längsdynamisch relevante Events einzuschränken (siehe Kapitel 5.2). In Summe wird eine Gesamtzahl von 81953 Anfahrvorgängen, 417410 Zwischenbeschleunigungen, 81754 Anhalteverzögerungen und 404947 Zwischenverzögerungen ausgewertet.

Die Verteilung aller Rohwerte der Anfahrbeschleunigungen zeigt auch einen kleinen Anteil negativer Werte von ca. 1,5 %. Dies kommt dadurch zu Stande, dass Unterbrechungen bis zu 2 Sekunden mit leicht negativen Beschleunigungen als Reaktion auf den Verkehr während des Anfahrvorgangs zugelassen sind. Generell zeigt sich jedoch, dass vorwiegend als komfortabel einzustufende Beschleunigungswerte auftreten. In [DEM07] wird durch den Vergleich von 14 Arbeiten zur Bewertung des Fahrstils gezeigt, dass es sich hierbei um kein einheitlich definiertes Konstrukt handelt, was sich allein in der Einteilung der Skalen der Fahrstile von 2-stufig bis hin zu 8-stufig und sogar stufenlos, also mathematisch stetig, zeigt. Die Längsbeschleunigung beim Ampelstart wird dabei jedoch unabhängig von der verwendeten Skala als geeignete Größe zur Bewertung des Fahrstils identifiziert.

Der Median der Längsbeschleunigung beim Anfahren liegt bei 0,7 m/s^2, das obere Quartil bei 1,1 m/s^2 und 95 % der beobachteten Werte liegen unter 2 m/s^2. Schließt man die wenigen negativen Werte aus der Betrachtung aus, findet eine Auswirkung erst in der dritten Nachkommastelle der Lage dieser Quantile statt. Die um die negativen Werte bereinigte Verteilung lässt sich in bester Näherung mit einer Gammaverteilung (siehe 7.1.2) abbilden mit $a = 1{,}76$ und $b = 0{,}46$ (siehe Abbildung 32).

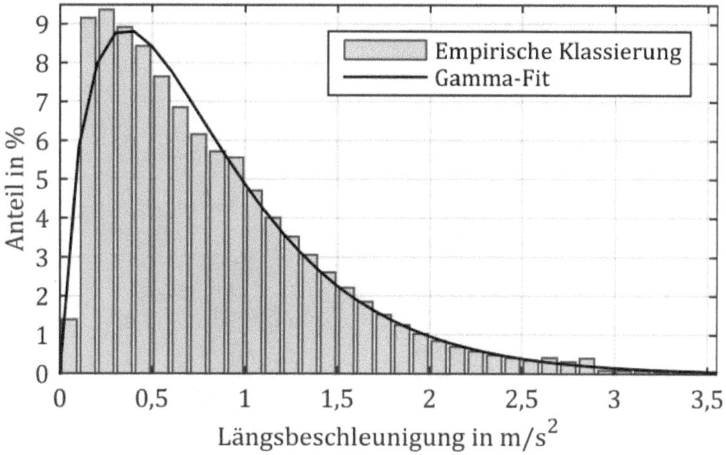

Abbildung 32: Klassierung der Längsbeschleunigung bei Anfahrvorgängen mit Gamma-Fit

Zwischen 0,1 m/s^2 und 0,3 m/s^2 unterschätzt die Näherung die empirische Häufigkeit leicht, aber darüber hinaus wird eine zufriedenstellende Überdeckung erreicht.

Die Verteilung aller Werte ist jedoch nicht alleine aussagekräftig für das Beschleunigungsverhalten der Nutzer. Das liegt daran, dass viele Anfahrbeschleunigungen sanft anfangen und sanft auslaufen, dazwischen aber deutlich höhere Werte erreichen. Daher ist es sinnvoll, einen singulären, charakteristischen Wert als Repräsentanten je Anfahrvorgang für die Verwendung in der weiteren Analyse zu definieren. Der Maximalwert sollte hierbei nicht gegriffen werden, da dieser sensibel auf Ausreißer in den Daten reagiert und unter Umständen gar nicht der Wunschbeschleunigung des Fahrers entspricht, da auch diese während des Anfahrvorgangs eingeregelt werden muss. Daher wird hier das 90 %-Quantil der Längsbeschleunigung je Anfahrvorgang gewählt, da davon ausgegangen werden kann, dass diese Beschleunigung noch bewusst gewählt wurde. Das 90 %-Quantil kann hier demnach als robuster Ersatz für das Maximum verstanden werden.

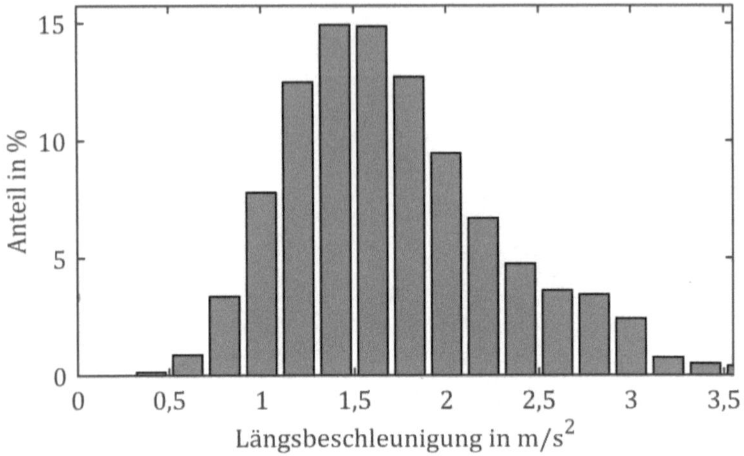

Abbildung 33: Häufigkeitsverteilung des 90 %-Quantils der Längsbeschleunigung bis 3,5 m/s^2 bei Anfahrvorgängen

Der Median der Verteilung (siehe Abbildung 33) liegt bei 1,5 m/s^2 und das obere Quartil bei 2 m/s^2. 90 % der Anfahrvorgänge bleiben mit 90 % ihrer Beschleunigungswerte unter 2,5 m/s^2. Auffällig ist auch, dass die Verteilung nun deutlich weniger Schiefe aufweist, was sich in einem Mittelwert von 1,6 m/s^2 nah beim Median äußert. Die Gamma-Parameter bei funktionaler Näherung liegen bei a = 7,50 und b = 0,22.

Zwischenbeschleunigungen während der Fahrt spielen sich – auch auf Grund der eingeschränkten Leistungsfähigkeit der Fahrzeuge – bei niedrigeren Werten als Anfahrbeschleunigungen ab. Der Median der Längsbeschleunigung liegt hier bei 0,4 m/s^2, das obere Quartil bei 0,7 m/s^2 und 95 % der beobachteten Werte liegen unter 1,4 m/s^2 (siehe Abbildung 34).

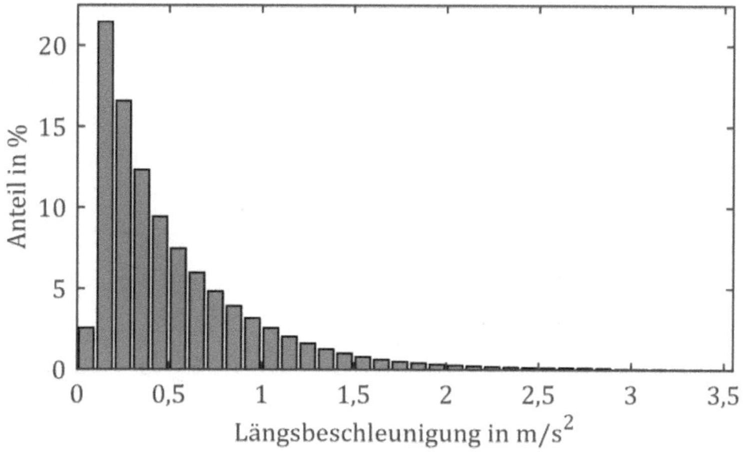

Abbildung 34: Häufigkeitsverteilung der Längsbeschleunigung bei Zwischenbeschleunigungen

Das liegt auch daran, dass Zwischenbeschleunigungen häufig für eine leichte Anpassung der Geschwindigkeit genutzt werden. Zwischenbeschleunigungsvorgänge sind mit einer mittleren Dauer von 7,7 s und einem Median von 6 s auch zeitlich deutlich kürzer als Anfahrbeschleunigungen mit einem Mittelwert von 11,6 s und einem Median von 10 s.

Analog wird auch hier wieder das 90 %-Quantil je Zwischenbeschleunigungsvorgang betrachtet, um Ausreißer durch die Messtechnik oder Übersteuern des Fahrers auszuschließen (siehe Abbildung 35). Der Median der Verteilung liegt bei 0,7 m/s² und das obere Quartil bei 1,2 m/s². 90 % der Zwischenbeschleunigungen bleiben mit 90 % ihrer Beschleunigungswerte unter 1,7 m/s².

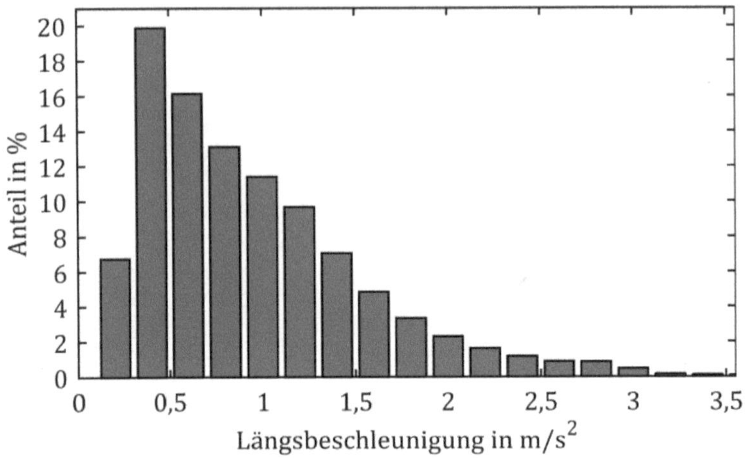

Abbildung 35: Häufigkeitsverteilung des 90 %-Quantils der Längsbeschleunigung bis 3,5 m/s² bei Zwischenbeschleunigungen

Diese Auswertung der Längsdynamik kann in großen Teilen auch auf konventionelle Fahrzeuge übertragen werden. Wie die Diagramme zeigen, sind die eingestellten Beschleunigungen üblicherweise nicht an der Grenze der Leistungsfähigkeit der Fahrzeuge, sondern durch den Fahrerwunsch bestimmt. Dabei kann angenommen werden, dass die Wunschbeschleunigung folglich nicht durch die Antriebsart definiert wird. Gerade Anfahrvorgänge sind weiterhin häufig auch durch den umliegenden Verkehr beeinflusst, da die Fahrzeuge in den meisten Fällen nicht in vorderster Position an Ampeln stehen, sondern in einer Reihe mit anderen Fahrzeugen. Die unfallfrei realisierbare Längsbeschleunigung wird somit durch das am langsamsten beschleunigende vorausfahrende Fahrzeug begrenzt.

Diese Einschränkung durch vorausfahrende Fahrzeuge kann in den Anfahrvorgängen z.B. anhand der üblichen Schaltpausen beobachtet werden. Obwohl alle untersuchten Fahrzeuge ein einstufiges Getriebe mit konstanter Übersetzung aufweisen und daher keine Zugkraftunterbrechung zum Schalten beim Anfahren erfordern, sind diese trotzdem in den Aufzeichnungen vorhanden, da sie vom Führungsfahrzeug ausgeführt werden und das folgende Elektrofahrzeug darauf reagieren muss. In Abbildung 36 ist dies exemplarisch dargestellt anhand von einem Anfahrvorgang bis 56 km/h mit zwei besonders deutlich ausgeprägten Unterbrechungen um 23 km/h und um 46 km/h als Reaktion auf den Verkehr. Auch die Fahrgeschwindigkeit bei der Konstantfahrt mit knapp über 50 km/h schwankt in einem Band von 8 km/h, da zur Wahrung des Sicherheitsabstands auf vorausfahrenden Verkehr zu reagieren ist.

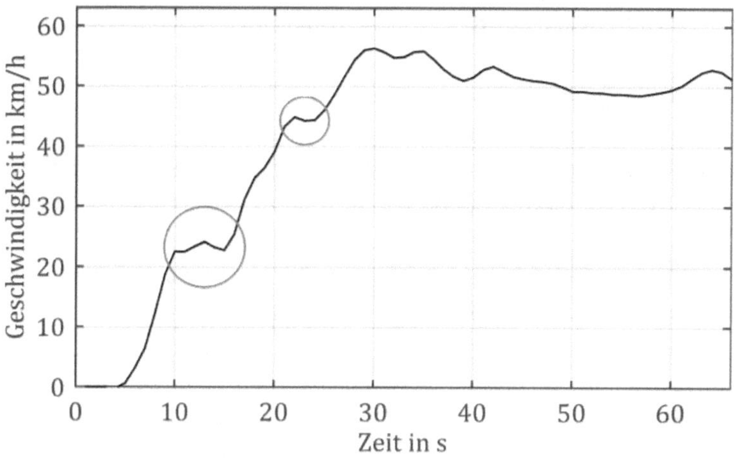

Abbildung 36: Anfahrvorgang mit Unterbrechungen durch Schaltpausen der Führungsfahrzeuge

Durch den Einsatz der untersuchten Fahrzeuge als Flotten- und Poolfahrzeuge in einem Multi-Nutzer-Szenario decken die Aufzeichnungen die Nutzung einer Fahrerzahl ab, die deutlich über der Anzahl der Fahrzeuge liegt. Die genaue Nutzerzahl ist nicht für jedes Fahrzeug bekannt. Von den bekannten Kombinationen kann jedoch konservativ abgeschätzt werden, dass es sich um eine Gesamtfahrerzahl über 200 handelt. Daraus resultiert eine gute statistische Sicherheit, weil diese Anzahl deutlich über der geforderten

Mindestprobandenzahl von 30 – 50 Personen liegt, die man beispielweise für den Vergleich unterschiedlicher technischer Auslegungen zu Grunde legen würde [BUB03]. Auch die zur Charakterisierung der auftretenden Längskräfte eines Fahrers erforderliche Aufzeichnungsstrecke von je 500 km in der Stadt und auf der Landstraße [PÖT11] wird für fast alle Fahrzeug deutlich überschritten.

Durch die große Probandenzahl und die Einbindung in den allgemeinen Verkehr ist anzunehmen, dass das im Rahmen dieser Arbeit beobachtete Beschleunigungsverhalten in weiten Teilen auch auf andere Fahrzeugklassen und Nutzerkreise übertragbar ist. Das liegt zum einen daran, dass die Aufzeichnungen vielfach zeigen, dass das beobachtete Fahrverhalten eine Reaktion auf den äußeren Verkehr darstellt, dem alle Fahrzeug unterworfen sind, so wie beispielsweise in Abbildung 36. Einzig der Fahrer des Fahrzeugs, das an einer Ampel an erster Position steht, kann seine Beschleunigung im Rahmen des Leistungsvermögens des Fahrzeugs in der Regel frei wählen. Weiterhin liegt der weit überwiegende Teil der angeforderten Beschleunigungen unterhalb des maximalen Leistungsvermögens der beobachteten Fahrzeuge. Da die Fahrzeuge jedoch, wie in 7.2 gezeigt, auch in Bezug auf die Reichweite üblicherweise nicht ausgereizt werden, ist nicht von einer speziell zurückhaltenden Fahrweise zum Erhalt der Reichweite auszugehen. Folglich kann angenommen werden, dass das beobachtete Beschleunigungsverhalten und die daraus resultierenden Leistungsanforderungen zum einen aus dem Fahrerwunsch und zum anderen aus der Reaktion auf das Verkehrsgeschehen resultieren. Bei den Fahrern handelt es sich im Rahmen der Studie im Regelfall nicht um Innovatoren im Sinne der Diffusion von Technologien nach Rogers [ROG14], die aus unterschiedlichsten Gründen für sich selbst ein Elektrofahrzeug angeschafft haben. Da die Fahrzeuge für die kommerzielle Nutzung in Firmen eingesetzt werden, sind die Fahrer normale Arbeitnehmer der Firmen, bei denen keine Präselektion stattgefunden hat. Daher kann angenommen werden, dass das geäußerte Fahrverhalten auf breite Gruppen übertragbar ist.

7.3.3 Antriebskraft und Antriebsleistung

Aus den realisierten Längsbeschleunigungen lässt sich unter Kenntnis der Fahrzeugmasse und der Übersetzungsverhältnisse die dafür benötigte Antriebskraft ableiten (siehe 6.2.2). Die genaue Kenntnis der im Kundenbetrieb geforderten Antriebskraft ist essentiell für die bedarfsgerechte Auslegung des Elektroantriebs, um den Fahrern ausreichende Zugkraft zu bieten.

Die Verteilungen der Antriebskraft für Anfahren und Zwischenbeschleunigen gleichen qualitativ den entsprechenden Verteilungen der Längsbeschleunigung, da die zu überwindende Trägheit als Hauptanteil der geforderten Zugkraft linear von der Beschleunigung abhängt. Der Skalierungsfaktor ist hierbei die Fahrzeugmasse, sodass die benötigte Zugkraft für elektrische Kleinwagen und Fahrzeuge der unteren Mittelklasse gültig ist und für schwerere oder leichtere Fahrzeuge entsprechend angepasst werden müsste.

Analog zu 7.3.2 wird auch hier das 90 %-Quantil der Events als die tatsächlich durch Fahrerwunsch geforderte maximale Zugkraft analysiert. Der Median für Anfahrvorgänge liegt bei 2,04 kN und der arithmetische Mittelwert bei 2,19 kN. Das obere Quartil liegt bei 2,58 kN und nur 10 % der Anfahrvorgänge überschreiten mit ihrem 90 %-Quantil eine Zugkraft von 3,32 kN.

Zwischenbeschleunigungsvorgänge sind von geringeren Zugkräften geprägt als Anfahrvorgänge, wobei der Unterschied hier weniger groß ausfällt als bei der Betrachtung der Längsbeschleunigung, da während der Fahrt auch Luft- und Radwiderstände zu überwinden sind. Der Mittelwert der 90 %-Quantile der Zwischenbeschleunigungen liegt bei 1,27 kN und der Median bei 1,06 kN. Das obere Quartil beträgt 1,61 kN und 90 % liegen unterhalb von 2,27 kN.

Für die am Rad aufzubringenden Umfangskräfte während der Events gilt unter Vernachlässigung der Lagerverluste, dass sie bei nur einer angetriebenen Achse je der halben Zugkraft entsprechen.

Auch für die benötigte Antriebsleistung der Anfahrvorgänge wird das 90 %-Quantil der Events ausgewertet. Der Median der Anfahrleistungen liegt so bei 10,6 kW und der Mittelwert bei 12,7 kW. Drei Viertel der Anfahrvorgänge bleiben mit ihrem 90 %-Quantil unter 16,4 kW und 90 % erreichen maximal 22,3 kW.

Für Zwischenbeschleunigungen liegt der Median der 90 %-Quantile der Antriebsleistung bei 10,8 kW, der Mittelwert bei 13,2 kW, das obere Quartil bei 16,2 kW und das 90 %-Quantil bei 23,7 kW. Damit liegt die hierbei geforderte Antriebsleistung auf einem vergleichbaren Niveau mit der für das Anfahren benötigten Leistung. Es werden für die Zwischenbeschleunigungen zwar geringere Zugkräfte benötigt, jedoch bei üblicherweise höheren Geschwindigkeiten, sodass sich ein ähnliches Leistungsniveau ausprägt.

Die Radleistungen, die entscheidend für die Erwärmung des Reifens und somit den Verlauf des Rollwiderstands sind [GRE13], entsprechen hierbei im Falle einer symmetrisch angetriebenen Achse der halben Antriebsleistung.

7.3.4 Motodrehzahl und -drehmoment

Das Längsdynamikmodell der Fahrzeuge erlaubt bei Kenntnis der Gesamtübersetzung auch die Ableitung der Kombinationen von Motordrehzahl und Drehmoment aus den bisher bestimmen Längsdynamikkenngrößen.

Abbildung 37 zeigt die Häufigkeitsverteilung von Drehmoment und Drehzahl der elektrischen Maschine als Kennfeld für die Daten des Fahrzeugtyps Peugot iOn, wobei Stillstandsphasen ausgeschlossen sind. Dabei muss jedoch beachtet werden, dass im Falle der negativen Momente im Längsdynamikmodell von einer rein rekuperativen Verzögerung ausgegangen wird, da die Betriebsstrategie zum Zusammenspiel mit der Reibbremse und dem somit gestellten Bremsmoment unbekannt ist. Auffällig ist hierbei, dass Drehmomente jenseits von 100 Nm und -100 Nm so selten erreicht werden, dass sie in der Darstellung vernachlässigt werden. Sie machen über alle positiven Drehzahlen hinweg nur 2 % der gemessenen Drehmomentwerte aus. Die Häufigkeitsverteilung zeigt zwei Schwerpunkte. Der erste liegt zwischen 2000 und 3000 Umdrehungen pro Minute, was dem Bereich zwischen ca. 35 und 50 km/h entspricht. Der zweite liegt zwischen 4500 und 5000 Umdrehungen pro Minute, was ca. 75 bis 85 km/h entspricht. In beiden Bereichen werden überwiegend niedrige Drehmomente abgerufen, die der Überwindung der Fahrwiderstände bei Konstantfahrt dienen.

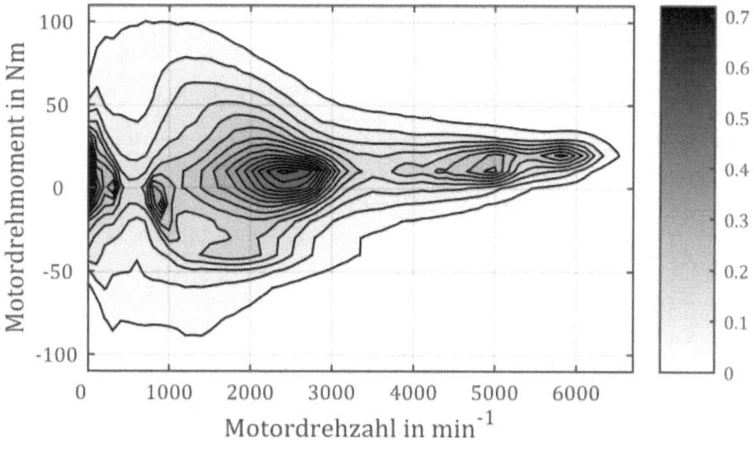

Abbildung 37: Kennfeld der Häufigkeit der Kombinationen von Motordrehmoment und Motordrehzahl für Peugot iOn

Für eine besonders effiziente Motorauslegung, die ihre Stärken im Realbetrieb ausspielen kann, ist es daher notwendig, primär in diesen Bereichen auf hohe Effizienz der Maschine zu achten. Darüber hinaus zeigt die Grafik, dass der Großteil der Verzögerungen mit betragsmäßig unter 100 Nm Motormoment realisiert werden kann, sodass damit bereits der größte Teil der rekuperierbaren kinetischen Energie im Realbetrieb aufgenommen werden kann.

7.3.5 Bremsverhalten

Die Verteilung der bei Anhaltevorgängen aufgetretenen Längsverzögerungswerte ähnelt qualitativ der Längsbeschleunigungsverteilung bei Anfahrvorgängen. Daher lässt sich auch diese in bester Näherung mit einer Gammaverteilung (siehe 7.1.2) modellieren. Die Parameter sind hierbei a = 1,73 und b = 0,50 (siehe Abbildung 38). Der Hauptunterschied zum Anfahren liegt jedoch darin, dass etwas stärkere Beschleunigungsbeträge gewählt werden, weshalb vor allem Werte unter 0,5 m/s² beim Anhalten seltener auftreten. Dafür ist im Gegenzug der Bereich zwischen 0,75 m/s² und 1 m/s² vergleichsweise häufiger belegt.

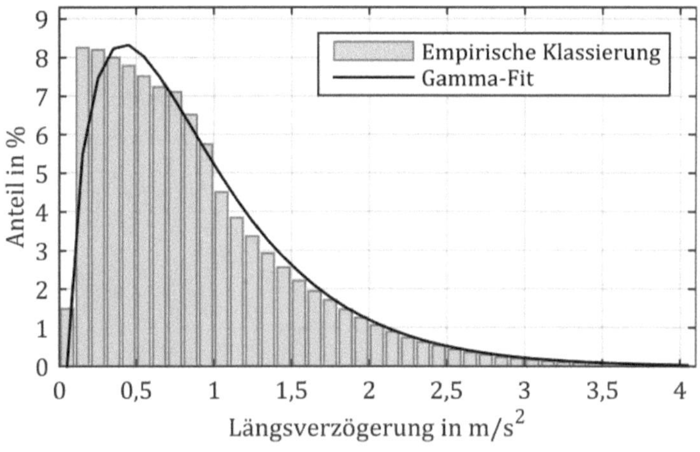

Abbildung 38: Klassierung der Längsverzögerung bei Anhaltevorgängen mit Gamma-Fit

Der Median der empirischen Verteilung liegt bei 0,7 m/s² und der Mittelwert bei 0,9 m/s². Das obere Quartil beträgt 1,2 m/s² und

95 % der Längsverzögerungswerte bleiben unterhalb von 2,1 m/s².

Auch bei der Längsverzögerung bietet es sich an, das 90 %-Quantil auszuwerten, um somit jeden Bremsvorgang mit einem sicher noch willentlich gewählten Verzögerungswert zu repräsentieren und Ausreißer in den Messungen und das Einregelverhalten des Fahrers auszuschließen. Dabei liegt der Median bei 1,6 m/s^2 und der Mittelwert bei 1,7 m/s^2. Auch hier indiziert die Annäherung von Mittelwert und Median eine zunehmende Symmetrie der Verteilung bei Betrachtung des gewählten Quantils je Event (siehe Abbildung 39). Das obere Quartil beträgt 2,1 m/s^2 und 90 % der Längsverzögerungsevents haben ein 90 %-Quantil von maximal 2,6 m/s^2.

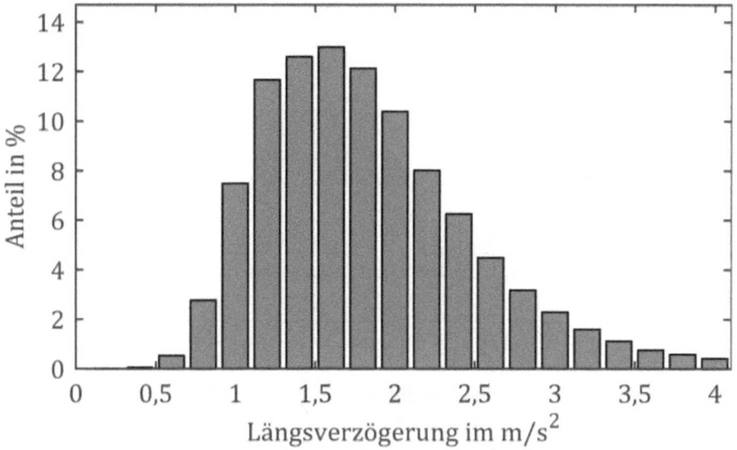

Abbildung 39: Häufigkeitsverteilung des 90 %-Quantils der Längsverzögerung bei Anhaltevorgängen

Der Verzögerungsfall wird im Rahmen dieser Arbeit analog zum Beschleunigungsfall in zwei Gruppen geteilt, wobei die zweite Gruppe die Verzögerungen zur Anpassung der Geschwindigkeit bei fortgesetzter Fahrt, also die Zwischenverzögerungen, enthält.

Auch für Zwischenverzögerungen zeigt die Statistik aller aufgezeichneten Werte (siehe Abbildung 40), dass diese überwiegend sanft ablaufen mit einem Median von 0,4 m/s². Das obere Quartil der Längsverzögerung liegt bei 0,8 m/s² und 95 % der Werte bleiben unterhalb von 1,6 m/s². Damit weichen die beiden oberen Lageparameter um 0,1 und 0,2 m/s² von denen der Längsbeschleunigung bei Zwischenbeschleunigungen ab und der Median beider Verteilungen ist gleich. Es zeigt sich somit, dass die Anpassungen der Fahrgeschwindigkeiten in beiden Fällen mit sanften Geschwindigkeitsänderungen realisiert werden und üblicherweise nicht vom Leistungsvermögen des Fahrzeugs begrenzt werden.

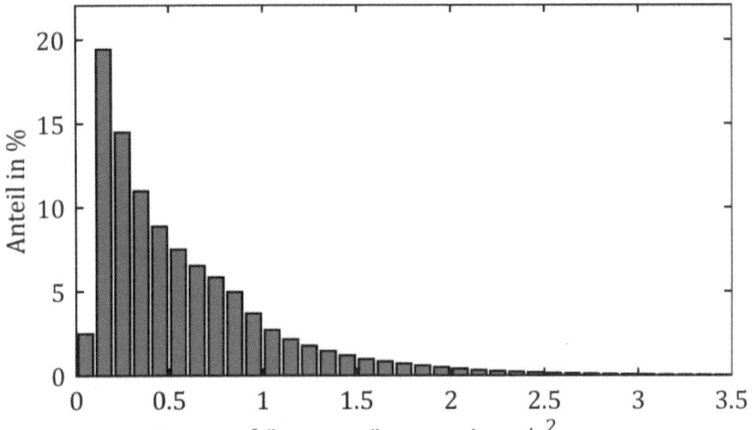

Abbildung 40: Häufigkeitsverteilung der Längsverzögerung bei Zwischenverzögerungen

Auch hier wird wieder das 90 %-Quantil je Zwischenverzögerungsvorgang ausgewertet, um die Häufung niedriger Werte im Ein- und Ausklingverhalten der Events auszuschließen und die Basis für eine Abschätzung der erforderlichen Leistungsfähigkeit des Fahrzeugs je Event zu liefern. Erneut ist die Verteilung weniger schief als bei Berücksichtigung aller Werte (siehe Abbildung 41). Es bleibt jedoch bei einer auffälligen Häufung zwischen 0,3 und 1,1 m/s². Der Median der Verteilung liegt bei 0,8 m/s², der Mittelwert beträgt 1 m/s². Das obere Quartil liegt bei 1,3 m/s²und nur 10 % der Werte sind oberhalb von 1,9 m/s².

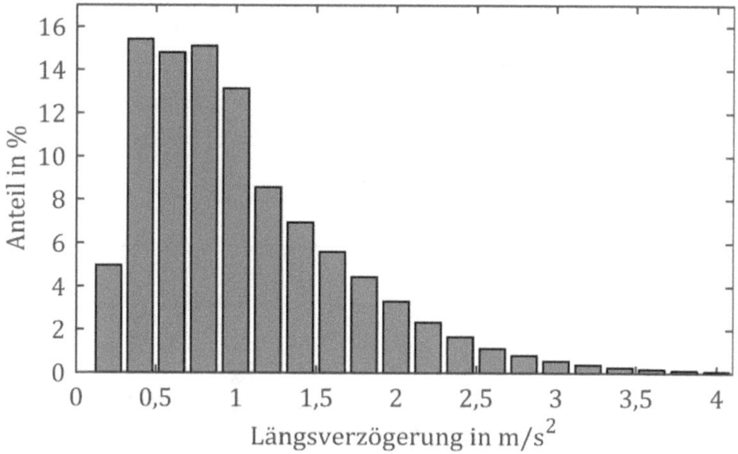

Abbildung 41: Häufigkeitsverteilung des 90 %-Quantils der Längsverzögerung bei Zwischenverzögerungen

Es bleibt zu betonen, dass diese Betrachtung der Definition der Grenzverzögerung dient, die noch mit der elektrischen Maschine zu erreichen ist. Das Leistungsvermögen der Reibbremse ist in jedem Fall nach der Forderung eines möglichst kurzen Bremswegs auszulegen.

Die Energetische Betrachtung der Anhaltevorgänge zeigt, dass üblicherweise nicht die gesamte verfügbare Energie rekuperiert werden kann (siehe Abbildung 42). Der Mittelwert des Anteils der rekuperierten kinetischen Energie liegt bei 72,2 % und der Median bei 74,6 %. Somit verbirgt sich hier noch Potential, durch Effizienzsteigerungen den Realverbrauch der Fahrzeuge zu senken. Dabei gilt es vor allem, das Zusammenspiel mit der Reibbremse zu optimieren, sodass diese möglichst wenig zum Einsatz kommt.

Bei den Zwischenverzögerungsvorgängen, die sich bei geringeren Längsverzögerungswerten und höheren Geschwindigkeiten abspielen, kann in ca. 1/3 der Fälle zwischen 95 % und 100 % der Energie rekuperiert werden. Der Mittelwert des Rekuperationsanteils liegt hier bei 78,3 %, der Median bei 87,4 % und für 75 % der Zwischenverzögerungsvorgänge kann mindestens 72 % der verfügbaren Energie rekuperiert werden. Demnach gilt es primär, die Rekuperationseffizienz bei starken Längsverzögerungen und geringen Geschwindigkeiten zu erhöhen.

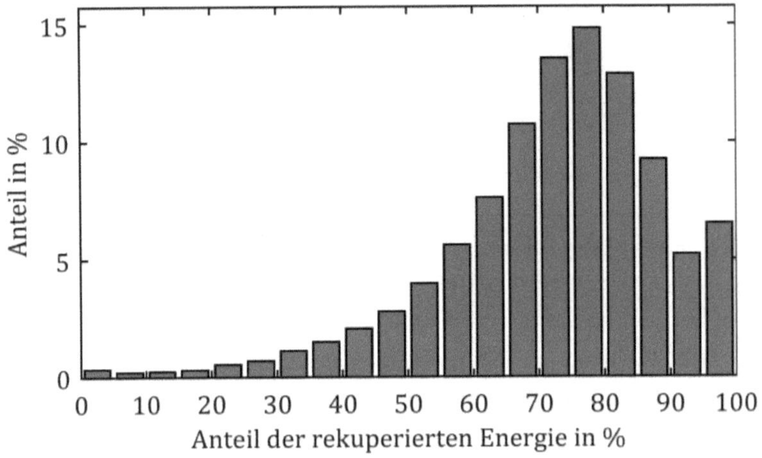

Abbildung 42: Häufigkeitsverteilung des Rekuperationsanteils bei Anhaltevorgängen

7.3.6 Batterienutzung

Die Analyse des Batterieladezustands (SOC = State of Charge) wird auf die Teildatensätze von PSA und Renault beschränkt, da nur hier ausreichend fein aufgelöste Daten vorliegen. Sie umfasst somit eine Datengrundlage von ca. 13000 Fahrten.

Es zeigt sich, dass sich ein Großteil der Nutzung in der oberen Hälfte des SOC abspielt (siehe Abbildung 43).

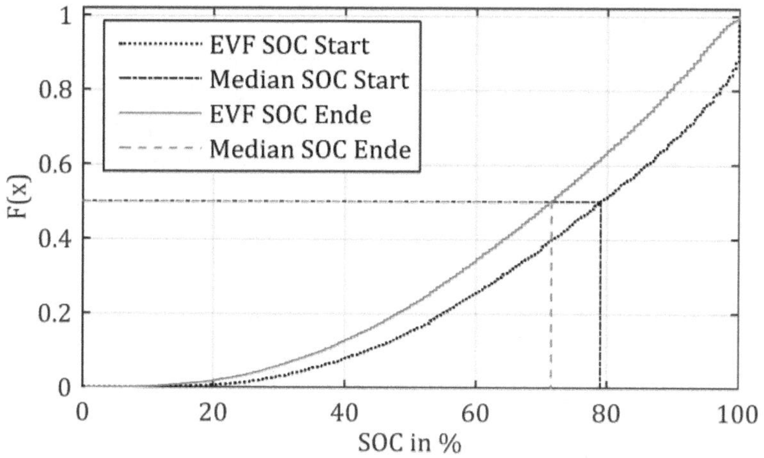

Abbildung 43: EVF der SOCs zu Fahrtbeginn und Fahrtende

Nur 15 % der Fahrten beginnen mit einem SOC unter 50 % und 22 % der Fahrten enden unterhalb dieser Grenze. Der Median des Start SOCs liegt bei 79 % und der Mittelwert bei 75 %. Zu Fahrtende liegt der Median des SOCs bei 72 % und der Mittelwert bei 68 %. Der Vergleich der beiden Kurven legt nahe, dass sich der übliche Verbrauch je Fahrt im einstelligen Bereich bewegt, was die Nutzung deutlich unterhalb der Maximalreichweite widerspiegelt. Die Präzise Analyse zeigt, dass der Median des SOCs Verbrauchs je Fahrt bei 4 % liegt und der Mittelwert bei 7 %. Nur 5 % aller Fahrten verbrauchen mehr als 26 % des Batterieinhalts.

Unter der Annahme eines linearen Verlaufs des SOCs mit dem tatsächlichen Energiegehalt der Batterie in den oberen 95 % der Batteriekapazität [CAR09] kann der Verbrauch nun mit den fahrzeugspezifisch installierten Kapazitäten in einen Energieverbrauch umgerechnet werden, der in Abbildung 44 zu sehen ist.

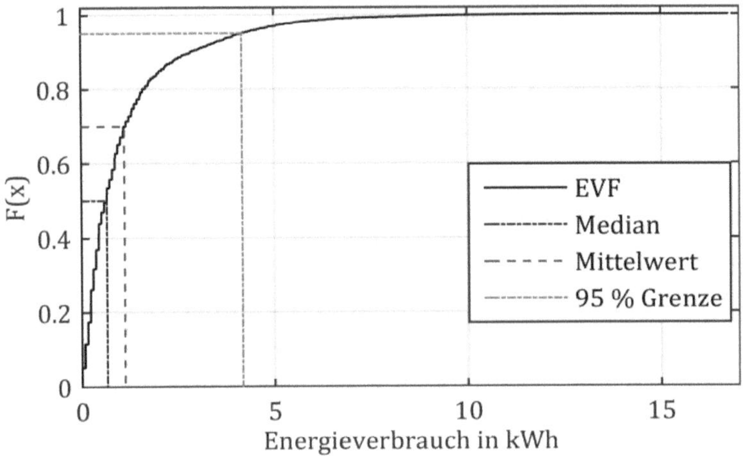

Abbildung 44: EVF des Energieverbrauchs je Fahrt

Dabei liegt der Median des Verbrauchs je Fahrt bei 0,65 kWh und der Mittelwert bei 1,12 kWh. 95 % der beobachteten Fahrten bewegen sich mit ihrem Verbrauch unter 4,18 kWh. Diese Verbräuche beinhalten sowohl die Energie für die reine Mobilitätsanforderung als auch für sämtliche komfortrelevanten Nebenverbraucher. Der Betrachtungszeitraum deckt dabei alle Jahreszeiten ab und gleicht somit saisonale Schwankungen in den aggregierten Werten aus.

Auch diese Verteilung lässt sich am besten mit einer Generalisierten Pareto-Verteilung nach 7.1.2 annähern. Der Parameter k hat den Wert 0,20, σ_p den Wert 0,94 und $\theta = 0$. Die Güte der Annäherung lässt sich anhand der P-P-Plots in Abbildung 45 einschätzen.

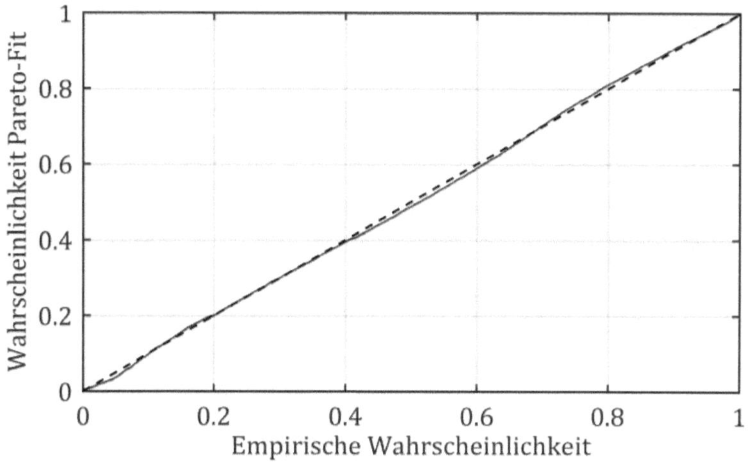

Abbildung 45: P-P-Plot des Pareto-Fits und der empirischen Verteilung des Energieverbrauchs je Fahrt

7.3.7 Klimatisierung

Die Auswertung der Nutzung von Heizung und Klimaanlage zur Klimatisierung des Fahrzeuginnenraums beschränkt sich auf Grund der Datenlage auf die Peugot iOn mit ca. 10000 Fahrten.

Man kann in den Verteilungen der relativen Häufigkeiten deutlich erkennen, dass der Großteil der Fahrten ohne aktives Heizen und Klimatisieren stattgefunden hat (siehe Abbildung 46). Ein Grund hierfür ist, dass das Gros der Fahrten im als komfortabel einzustufenden Temperaturbereichen stattgefunden hat mit einem Mittelwert von 15,1 °C. Der Mittelwert der durchschnittlichen Außentemperaturen der Fahrten ohne Klimatisierung liegt mit 14,3 °C nahe am Mittelwert aller Fahrten. Wie zu erwarten, wird die Heizung vorwiegend bei niedrigeren Temperaturen eingesetzt mit einer mittleren Außentemperatur von 7,3 °C bei Heizungseinsatz. Die Klimaanlage wird hingegen bei mittleren Temperaturen von 24,5 °C eingesetzt. Es bleibt anzumerken, dass die Gruppen nicht vollständig disjunkt sind, da in ca. 0,6 % der Fahrten Klimaanlage und Heizung im Verlauf der Fahrt aktiviert waren.

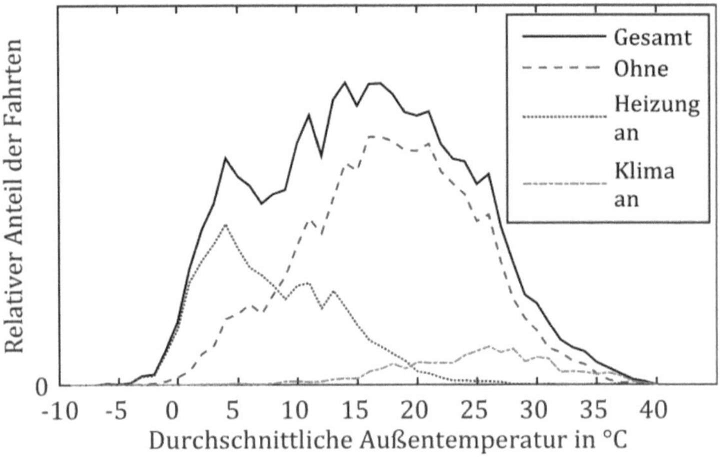

Abbildung 46: Nutzung der Klimatisierungseinrichtungen über der Außentemperatur

Die Verteilungen zeigen, dass auf Grund der gemäßigten klimatischen Bedingungen in Zentraleuropa der vorwiegende Teil der Fahrten im Jahresverlauf ohne zusätzlichen Energiebedarf zum Herstellen einer Komforttemperatur absolviert werden kann. Ein regelmäßiger Verzicht auf Heizen und Klimatisieren, um Reichweitenreserven zu sparen ist in Anbetracht der üblicherweise hohen Energiereserven der Fahrzeuge zu Fahrtende kaum zu erwarten (vgl. 7.3.6). Es ist eher damit zu rechnen, dass auf Grund der vorwiegend kurzen Fahrtdauern für geringe Abweichungen von der individuellen Komforttemperatur auf aktive Temperaturveränderung verzichtet wurde. Unter dieser Annahme könnte sich bei der Untersuchung von Langstreckenmobilität und somit größeren Aufenthaltsdauern im Klimaraum des Fahrzeugs ein höherer Anteil von Fahrten mit Heizen oder Klimatisieren ergeben.

7.4 Ladeverhalten

7.4.1 Ausnutzung der Batteriekapazität

Auch im Ladeverhalten zeigt sich, dass die installierte Kapazität in der normalen Nutzung nicht ausgereizt wird. Im Mittel werden die Fahrzeuge schon bei einer Restladung von 64,9 % wieder zum Laden angeschlossen, wobei der Median bei 69 % liegt. Das untere Quartil liegt bei 48 % und nur in 6 % aller Ladevorgänge liegt der Start-SOC bei unter 25 % (siehe Abbildung 47).

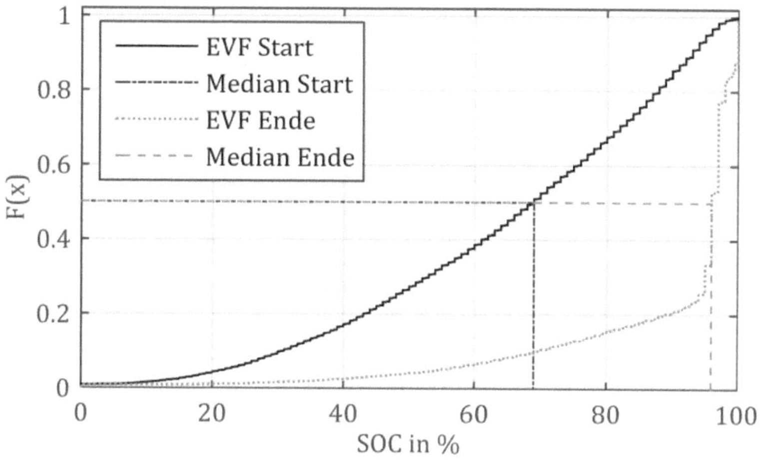

Abbildung 47: EVF der SOCs zu Ladestart und -ende

Die Analyse des Ladezustands zum Ende des Ladevorgangs zeigt eine asymptotische Annäherung an 100 %. Das liegt daran, dass die Fahrzeuge je nach Ladebedingungen den Ladevorgang schon bei knapp unter 100 % Ladung stoppen. Interpretiert man alle End-SOCs ab 95 % als Vollladung, so erhält man einen Anteil von 74 % Vollladungen unter allen Ladevorgängen. Teilladungen stellen somit die Ausnahme dar und nur 4 % der Ladevorgänge enden schon in der unteren Hälfte der Batteriekapazität. Der Mittelwert zum Ende der Ladevorgänge beträgt 90,3 %, der Median liegt bei 96 % und selbst das untere Quartil liegt bei 94 %.

Die Beurteilung von Start- und Endwert des Ladeverhaltens sollte sinnvollerweise in der Betrachtungsebene des fahrzeugtypspezifischen SOC erfolgen, da sich somit direkt Rückschlüsse auf die Ausnutzung der Batteriekapazität durch den Nutzer ziehen lassen. Der SOC spiegelt unmittelbar das Nutzerverhalten wider und ist die Dimension, in der der Kunde plant. Die daraus resultierenden Ladehübe und die transportierte Energie sollten jedoch vom Fahrzeugtyp unabhängig analysiert werden, da es hier primär um die Einbindung ins Energienetz geht. Analog zu 7.3.6 können die Ladehübe somit in die Einheit kWh umgerechnet werden. Daraus wird ersichtlich, dass im Mittel je Ladevorgang 4,1 kWh vom Fahrzeug aufgenommen werden. Der Median liegt bei 3,3 kWh und 95 % bleiben unter 10,6 kWh (siehe Abbildung 48). Auf Seiten des Energienetzes fällt der Energieumsatz noch höher aus, da die Verluste durch die Ladewirkungsgrade hinzukommen, die bei der Berechnung der in die Batterie aufgenommenen Energie unberücksichtigt blieben.

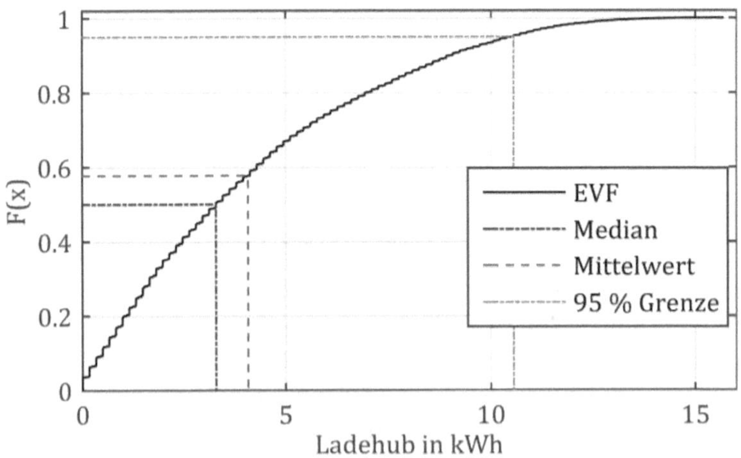

Abbildung 48: EVF des Ladehubs je Ladevorgang

Zur Einbindung der Energienachfrage für Elektrofahrzeuge in energiewirtschaftliche Simulationsmodelle wird ein Verteilungsfit für den Ladehub erstellt. Auch in diesem Fall erweist sich die Familie der Generalisierten Pareto-Verteilungen nach 7.1.2 als beste Näherungsmöglichkeit. Die Parameter der Verteilung liegen bei $k = -0{,}36$, $\sigma_p = 5{,}76$ und $\theta = 0$. Die Überdeckung der Messdaten mit der funktionalen Näherung kann in Abbildung 49 bewertet werden.

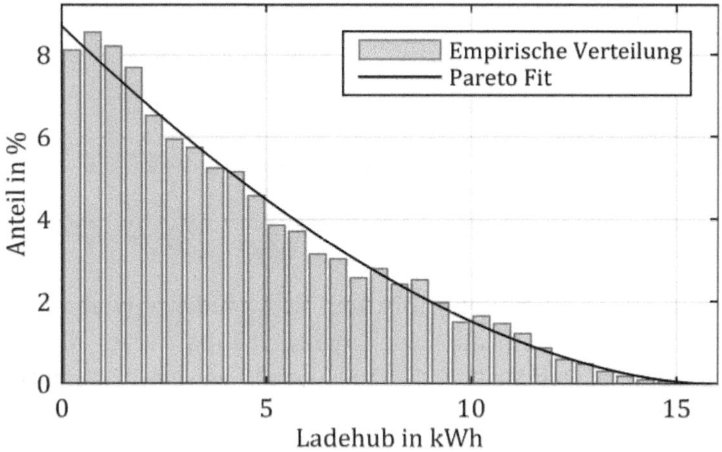

Abbildung 49: Klassierung des Ladehubs mit Pareto Fit

Die Distanz zwischen zwei Ladevorgängen wurde für die Auswertung auf 150 km begrenzt, da höhere Abstände tendenziell durch den Ausfall von Aufzeichnungen eines Ladevorgangs entstanden sind. Hierdurch wird etwa 1 % der Datensätze ausgeschlossen.

Die resultierende Verteilung (siehe Abbildung 50) hat einen Mittelwert von 37,2 km und einen Median von 31 km. Das obere Quartil liegt bei 54 km und 95 % der Beobachtungen liegen unter 91 km.

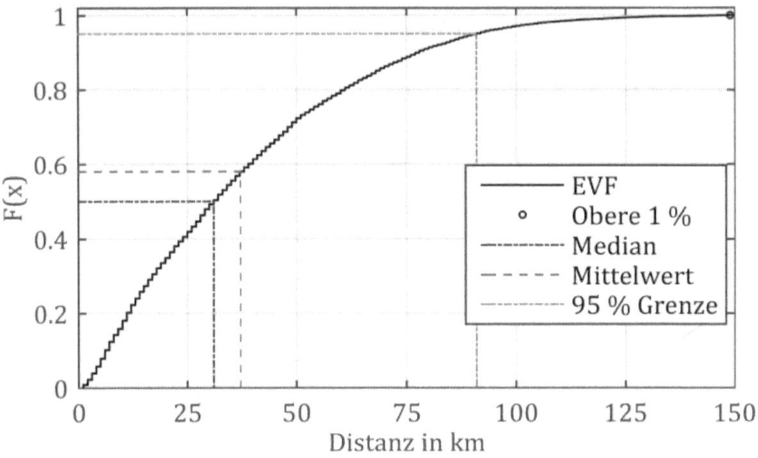

Abbildung 50: EVF der Distanz zwischen zwei Ladevorgängen

7.4.2 Ladedauer

Die Empirische Verteilungsfunktion der Ladedauer (siehe Abbildung 51) zeigt, dass die Ladevorgänge häufig kürzer als zwei Stunden sind. Der Median der Ladedauer liegt bei 97,2 min und der Mittelwert bei 126,5 min. Die deutliche Diskrepanz zwischen Mittelwert und Median signalisiert hier wieder eine schiefe Verteilung mit vielen Ausprägungen bei relativ niedrigen Werten und wenigen eher hohen Werten, die den Mittelwert anheben. 95 % der Ladevorgänge sind kürzer als 338 min.

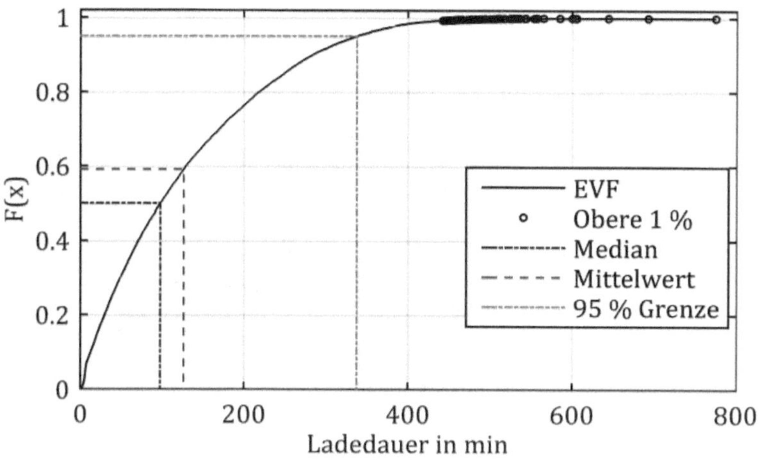

Abbildung 51: EVF der Ladedauer

7.4.3 Ladezeitpunkt

Die zeitliche Verteilung der Startzeitpunkte der Ladevorgänge über den Tag weist Ähnlichkeiten zur Verteilung der Fahrtzeitpunkte auf (siehe 7.2.6), da oftmals zum Ende einer Fahrt auch gleich der Ladevorgang gestartet wird. Es kann jedoch festgestellt werden, dass die relative Häufigkeit gegen Ende der mobilen Phase des Tages für Ladestarts höher liegt als dies bei der Fahrtverteilung der Fall ist. Das liegt daran, dass untertägig nicht nach jeder Fahrt das Fahrzeug zur Zwischenladung angeschlossen wird, sondern tendenziell zum Tagesende hin (siehe Abbildung 52).

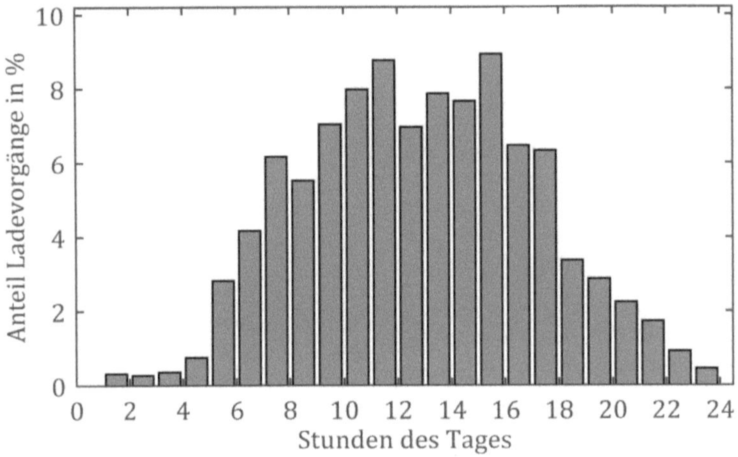

Abbildung 52: Verteilung des Startzeitpunkts des Ladevorgangs im Tagesverlauf

7.4.4 Potential für bidirektionales und gesteuertes Laden

Wie die Analyse in 7.4.1 gezeigt hat, werden die Fahrzeuge mit üblicherweise hoher Restkapazität mit dem Energienetz zum Laden verbunden. Die eigentliche Ladezeit ist dabei im Regelfall deutlich kürzer als die Standzeit. Daher böte sich bei Beibehaltung der installierten Kapazität ein großes Potential zum bidirektionalen Laden. Die Fahrzeuge können zunächst als Energiequelle mit dem Netz gekoppelt werden, beispielsweise um die erhöhte Stromnachfrage in den Abendstunden abzupuffern. Danach ist jedoch genug Zeit zum vollständigen Laden des Fahrzeugs vor der nächsten Nutzung einzuplanen, da die Nutzer im Normalfall bis zur vollen Kapazität aufladen. Alternativ könnte man die Ladevorgänge, sofern sie unidirektional zu belassen sind, auch gesteuert in die frühe Nacht verschieben, um somit Phasen, in denen das Stromnetz ohnehin niedrig belastet ist, auszunutzen. Somit würde eine zusätzliche Belastung in den Peak-Zeiten am frühen Abend vermieden werden.

8 Aufbau der Realfahrzyklen

8.1 Ziel für Zyklen

Fahrzyklen sind ein bewährtes Instrument in der Fahrzeugentwicklung. Sie dienen dazu, in repräsentativer Form ein Nutzungsszenario einer Gruppe von Fahrzeugen durch ein Fahrprofil wiederzugeben. Darüber hinaus kann mit Fahrzyklen auch das Verkehrsgeschehen in einer Stadt oder Region abgebildet werden. Außerdem werden sie zur standardisierten Ermittlung von Kraftstoff- bzw. allgemein Energieverbräuchen und Reichweiten herangezogen und zu diesem Zweck auch per Gesetz zur Zertifizierung des Emissionsverhaltens von Fahrzeugen eingesetzt. In [WAL11] wird der Leistungsbedarf für drei Fahrzeugklassen im Urban Dynanometer Zyklus und im US06 Zyklus verglichen. Sowohl die durchschnittliche Leistungsanforderung als auch die benötigte Maximalleistung unterscheiden sich hierbei für alle Fahrzeugklassen um mehr als Faktor 2. Auch in [NEU06] werden Fahrzeuge mit unterschiedlichen elektrischen Maschinen in verschiedenen Zyklen simulativ verglichen. Die Energieverbräuche divergieren hierbei um mehr als Faktor 2 zwischen den Zyklen und die geforderten maximalen Drehmomente sogar um mehr als ein Fünffaches. Daraus ist klar ersichtlich, dass die Wahl des adäquaten Zyklus für die Auslegung eines Fahrzeugs von entscheidender Bedeutung ist.

Im Rahmen dieser Arbeit sollen daher Fahrzyklen aufgebaut werden, die auf einer breiten empirischen Basis fußen und eine möglichst repräsentative Abbildung der beobachteten Mobilität der gewerblich genutzten Elektrofahrzeuge zum Ziel haben. Sie können zukünftig für Fahrzeugauslegung, energetische Untersuchungen, Mobilitätssimulationen und Komponentenentwicklung und Validierung eingesetzt werden.

8.2 Arten von Fahrzyklen

Fahrzyklen werden üblicherweise anhand eines Geschwindigkeitsprofils definiert, aus dem sich zugehörige Beschleunigungswerte ableiten lassen. Sie beschränken sich rein auf die Längsdynamik des Fahrzeugs. Ergänzend gibt es in einigen Fahrzyklen auch den definierten Einsatz von Nebenverbrauchern als zusätzliche Belastung. Die Querdynamik und hieraus resultierende zusätzliche Fahrwiderstände wie der Kurvenwiderstand oder der Einfluss durch abweichende Anströmung der Karosserie im natürlichen Wind bleiben üblicherweise zur Komplexitätsreduktion unberücksichtigt.

Grundsätzlich lassen sich Fahrzyklen in zwei Gruppen einteilen, in legislative und nicht-legislative. Bei legislativen Fahrzyklen handelt es sich um solche, die vom Gesetzgeber zur vergleichbaren Bestimmung von Emissionen definiert wurden. Beispiele hierfür sind der Neue Europäische Fahrzyklus (NEFZ) [RAT91] (siehe Abbildung 53), die Federal Test Procedure (FTP 75) der USA oder Japans 10-15 Mode.

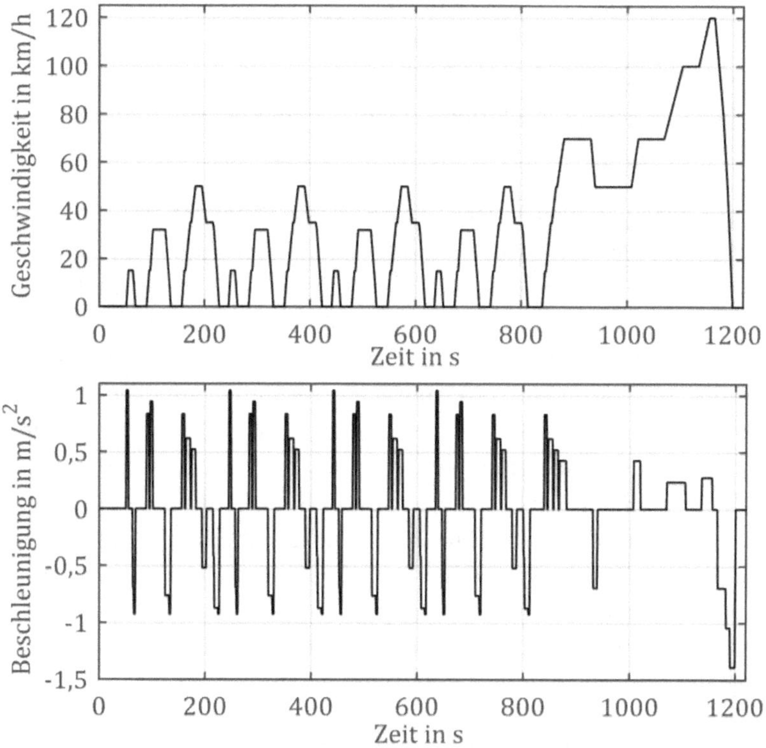

Abbildung 53: Neuer Europäischer Fahrzyklus nach [RAT91]

Nicht-legislative Fahrzyklen hingegen sind solche, die keine offizielle, vom Gesetzgeber definierte Verwendung haben. Auch sie werden jedoch häufig eingesetzt, um den Energieverbrauch oder das Emissionsverhalten von Fahrzeugen abzuschätzen. Darüber hinaus werden sie auch eingesetzt, um das spezielle Fahrverhalten einer Fahrzeugkategorie oder innerhalb einer Stadt oder Region zu beschreiben. Beispiele hierfür sind der Taipei Motorcycle Driving Cycle (TMDC) [TZE98], der Hong Kong Cycle [TON99] oder der Common Artemis Driving Cycle (CADC) [AND04]. Ein weiteres Beispiel ist der TÜV SÜD Electric Car Cycle (TSECC) [TÜV10], der speziell zur Reichweitenermittlung von Elektrofahrzeugen definiert wurde und auch Nebenverbraucher mit einbezieht. Er soll realitätsnahe Einsatzbedingungen abbilden, fußt jedoch nicht direkt auf einer empirischen Grundlage für Elektrofahrzeuge, sondern verwendet eine Kombination von Zyklen als Ausgangsbasis.

Neben ihrem Einsatzzweck lassen sich Fahrzyklen auch anhand der Methodik der Zyklenbildung in zwei Gruppen unterteilen. Zum einen gibt es sogenannte synthetische oder polygonale Zyklen. Sie werden als idealisierter Verlauf durch die Kombination verschiedener Phasen von Konstantfahrt, Beschleunigung, Verzögerung und Stillstand zusammengefügt. Ein Standard-Beispiel hierfür ist der NEFZ, bei dem der Ursprung des synthetischen Verlaufs nicht klar dokumentiert ist und der häufig wegen seiner Realitätsferne in der Kritik steht, da er Realverbräuche im Schnitt über 20 % unterschätzt [MOC12]. Synthetische Zyklen haben den Vorteil, dass sie im Regelfall weniger Variation der Fahrgeschwindigkeit aufweisen, was sie einfacher fahrbar macht. Darunter leidet jedoch die Realitätsnähe sowohl in der Abbildung des Fahrverhaltens als auch in den ermittelten Verbräuchen.

Die andere Gruppe bilden die transienten Fahrzyklen. Hier liegen real gemessene Fahrtverläufe zu Grunde, was sich in unruhigeren Geschwindigkeitsprofilen äußert. Üblicherweise resultieren so dynamischere Fahrzyklen mit höheren Verbräuchen, als dies bei den synthetischen der Fall ist. Ihr entscheidender Vorteil ist die Realitätsnähe.

Empirisch basierte Realfahrzyklen für Elektrofahrzeuge im alltäglichen Betrieb wurden bisher nicht aufgebaut.

8.3 Methodik für die Zyklenbildung

Auf die Bildung synthetischer Zyklen wird hier nicht weiter eingegangen, da diese einfach durch Zusammensetzung und Wiederholung verschiedener Phasen mit Stillstand, Konstantfahrt, Beschleunigung oder Verzögerung erstellt werden. Diese Vorgehensweise äußert sich im Resultat üblicherweise in realitätsfernen Zyklen, die ihre Stärken nur in der einfachen Fahrbarkeit auf Prüfständen und breiten Anwedbarkeit haben.

Da das Ziel der hier zu erstellenden Zyklen jedoch eine möglichst gute Repräsentation des realen Fahrverhaltens ist, wurde unter Zuhilfenahme einer studentischen Abschlussarbeit [IVA15] eine geeignete Methodik gewählt und implementiert, um transiente Fahrzyklen zu erstellen. Die Vorgehensweise der Zyklenerstellung ist hierbei angelehnt an [HUN07]. Eine ausführliche Übersicht über Fahrzyklen und die für die Bildung verwendeten Methoden und Kriterien findet sich in [TON10].

Die Wahl einer möglichst repräsentativen Strecke für den Zyklus stellt ein wichtiges Definitionsproblem dar, wenn dem Zyklus nur eine oder wenige repräsentative Fahrten zugrunde gelegt werden sollen [TAM06], [TON99], [KEN78]. Ein bekanntes Beispiel für einen Fahrzyklus, der auf einer einzelnen Realfahrt basiert, ist der FTP-75. Auf die Streckenauswahl kann im vorliegenden Fall jedoch verzichtet werden, da die gesamte Datenbasis der Fahrten mit kontinuierlicher Aufzeichnung der Geschwindigkeit als Zeitschrieb Eingang in den Zyklus finden soll. Somit ist ein für die beobachtete Nutzung repräsentativer Strecken-Mix gewährleistet. Zur Generierung der Fahrzyklen wird der Fahrsequenzen-Ansatz verwendet, der eine probate Methode darstellt und bereits beispielsweise für die Erstellung von Fahrzyklen in Pune [KAM09], Hong Kong [TON99] und Sydney [KEN78] genutzt wurde.

Für den Aufbau eines Zyklus werden zunächst aussagekräftige Bewertungsparameter zur Beschreibung der zu Grunde liegenden Fahrten gewählt und für sie Zielwerte aus der statistischen Analyse der gesamten Datengrundlage abgeleitet. Das Ziel ist hierbei, mit dem Zyklus eine möglichst gute Repräsentation der Datenbasis generieren zu können. Zur Bewertung wurden hier insgesamt 13 Parameter ausgewählt, die auf der Auswertung von [TON99], [BAR09] und [HUN07] basieren. In [BAR09] wird eine Übersicht von 256 Fahrzyklen mit statistischer Analyse als Vergleichsmöglichkeit präsentiert.

Die 13 Bewertungsparameter beinhalten die Zeitanteile von fünf Betriebsarten, die in Tabelle 3 anhand von Geschwindigkeits- und Beschleunigungsgrenzen definiert sind:

Betriebsart	**Geschwindigkeit v in km/h**	**Längsbeschleunigung a_x in m/s²**
Stillstand	0	0
Konstantfahrt	> 5	$0{,}1 \leq a_x \leq 0{,}1$
Schleichen	$0 < v \leq 5$	$-0{,}1 \leq a_x \leq 0{,}1$
Beschleunigung	>0	>0,1
Verzögerung	>0	<-0,1

Tabelle 3: Übersicht der zur Zyklenbildung unterschiedenen Betriebsarten

Eine Übersicht der verwendeten Bewertungsparameter findet sich in Tabelle 4. Alle Parameter gehen mit gleicher Gewichtung in die Gesamtbewertung der Repräsentationsgüte des Zyklus ein. Die „Normierte positive kinetische Energie" stellt dabei den „Energiebeitrag" dar, der bei Beschleunigungsvorgängen umgesetzt wird, wobei der Einfluss von Fahrzeuggewicht und Distanz durch die Normierung entfallen.

Nr.	Parameter	Einheit
1	Durchschnittsgeschwindigkeit	km/h
2	Durchschnitt der Geschwindigkeit >0	km/h
3	Durchschnittliche Längsbeschleunigung	m/s^2
4	Durchschnittliche Längsverzögerung	m/s^2
5	Durchschnittliche Fahrsequenzdauer	s
6	Anteil Stillstand	%
7	Anteil Konstantfahrt	%
8	Anteil Schleichen	%
9	Anteil Beschleunigung	%
10	Anteil Verzögerung	%
11	Anzahl Beschleunigungs-Verzögerungswechsel	
12	Quadratischer Mittelwert der Längsbeschleunigung	m/s^2
13	Normierte positive kinetische Energie	m/s^2

Tabelle 4: Übersicht der zur Zyklenbildung verwendeten Bewertungsparameter nach [HUN07]

Nach Ableitung der Zielwerte werden alle Fahrten in Fahrsequenzen zerlegt. Eine Fahrsequenz ist hierbei ein Abschnitt des Geschwindigkeitsverlaufs, der bei 0 km/h beginnt und endet und die gesamte Phase dazwischen mit einer Geschwindigkeit >0 km/h beinhaltet. Diese Trennung hat den Vorteil, dass zum Start und Ende jeder Phase Stillstand herrscht, sodass sich die Phasen alle mit einander zu beliebigen Kombinationen verknüpfen lassen und dabei keine weiteren Bedingungen zum Erhalt der Stetigkeit des Geschwindigkeitsverlaufs beachtet werden müssen. Darüber hinaus werden auch die Stillstandsphasen vor jeder Fahrsequenz mit verwendet, um realistische Stillstandsanteile und -phasen im Zyklus zu erhalten.

In Abbildung 54 ist ein Geschwindigkeitsverlauf dargestellt, bei dem die Fahrsequenzen nach dem beschriebenen Schema identifiziert und markiert sind, wobei jeweils die zuvor auftretende Stillstandsphase Teil der Sequenz ist. Auch der Parkiervorgang am Fahrtende wird hier als kurze Sequenz identifiziert.

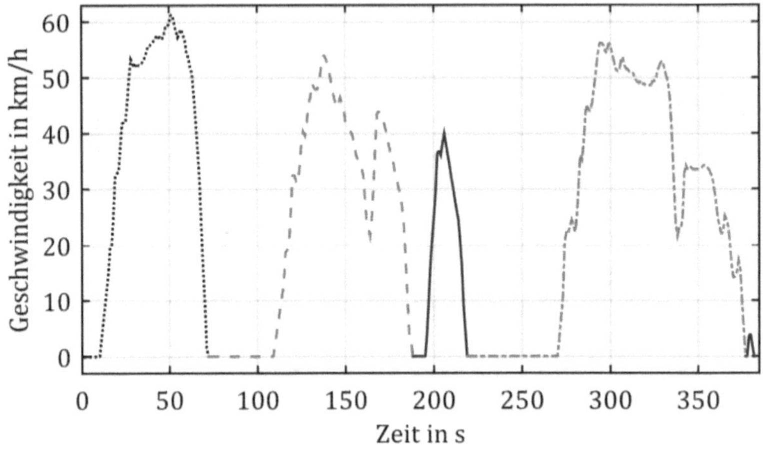

Abbildung 54: Geschwindigkeitsverlauf mit 5 Fahrsequenzen

Um einen möglichst repräsentativen Zyklus zu erhalten, wird zu diesem Zeitpunkt bereits eine Ausreißerbereinigung der Fahrsequenzen durchgeführt.

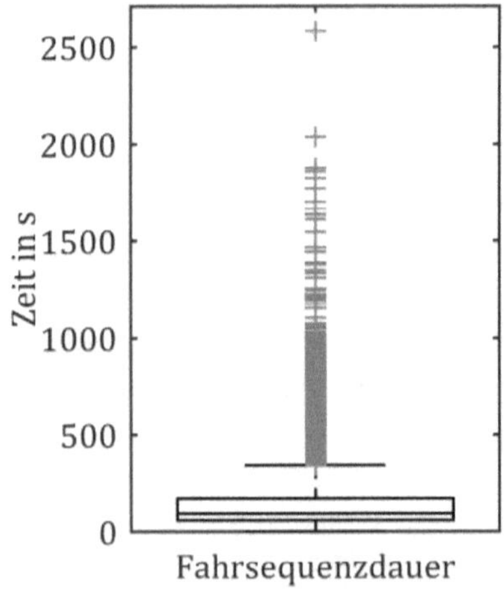

Abbildung 55: Boxplot der Fahrsequenzdauer unbereinigt

Für jeden der 13 Parameter wird eine separate Statistik gebildet und dann diejenigen Fahrsequenzen aus der Zyklenbildung ausgeschlossen, deren Merkmalsausprägung je Parameter statistisch als extreme Ausreißer betrachtet werden können, da sich diese stark verzerrend in der Bildung der weiteren Zielkriterien ausprägen würden. Somit wird die Varianz des Datensatzes durch Begrenzung auf den repräsentativen Kern reduziert. Dies ist in Abbildung 55 exemplarisch für die Fahrsequenzdauer dargestellt. Die längste Fahrsequenz hat eine Dauer von über 40 min und ist somit für die Zyklenbildung gänzlich ungeeignet, da schon sie allein die Zieldauer des Zyklus deutlich überschreiten würde. Bei der Ausreißerbereinigung wird die Menge der berücksichtigen Fahrsequenzen auf jene eingegrenzt, die innerhalb der Antennen des Boxplots liegen. Dies umfasst alle Sequenzen, die innerhalb der Box liegen, also zwischen unterem und oberem Quartil. Dies sind 50 % der Merkmalsausprägungen. Dazu kommen alle Werte, die maximal den 1,5-fachen Interquartilsabstand von den äußeren Grenzen der Box entfernt liegen, die sogenannten milden Ausreißer. Werte darüber hinaus werden statistisch als extreme Ausreißer betrachtet [GRA13] und daher nicht weiter berücksichtigt. In diesem Beispiel betrifft das 7,9 % der Werte.

Im nächsten Schritt wird aus dem bereinigten Fahrsequenzpool durch stochastische Kombination von Fahrsequenzen ein Pool von Kandidatfahrzyklen gebildet. Hierfür ist zunächst die Anzahl der Fahrsequenzen und die gewünschte Zieldauer des Zyklus mit einem Toleranzband anzugeben, wofür für die Bildung der Zielwerte auf die Statistik der zu Grunde liegenden Fahrten zurückgegriffen wird. Im Anschluss wird eine große Zahl zufälliger Kombinationen von Fahrsequenzen der gewählten Anzahl gebildet. Wenn die aus der Kombination resultierende Dauer innerhalb des Toleranzbandes der Zieldauer liegt und die Abweichung aller Bewertungskriterien zum statistisch gebildeten Ziel bei unter 10 % liegt, dann wird der Zyklus in den Kandidatfahrzyklenpool übernommen.

Im finalen Schritt wird aus dem Kandidatfahrzyklenpool der am besten bewertete Zyklus ausgewählt. Für die Gesamtbewertung wird hierbei die Rangfolge nach zwei Kriterien gebildet. Das erste ist der sogenannte Performance Value (PV), der die Summierung der Beträge der relativen Abweichung der 13 Bewertungsparameter zu den Zielparametern darstellt. Ein niedrigerer PV steht hierbei für eine bessere Repräsentation der Fahrten durch den Zyklus.

Beim zweiten Kriterium handelt es sich um die Sum Square Difference (SSD). Zur Bildung der SSD ist zunächst die Speed Acceleration Probability Distribution (SAPD) für die Datenbasis und den Kandidatfahrzyklus zu bilden. Hierfür wird die Fahrgeschwindigkeit in 13 äquidistante Klassen von 0 km/h bis 130 km/h eingeteilt und die Längsbeschleunigung in 32 äquidistante Klassen von -4 m/s^2 bis 4 m/s^2. Die SAPD gibt nun die klassierte Aufenthaltswahrscheinlichkeit der Kombinationen von Längsbeschleunigung und Fahrgeschwindigkeit in Matrixform wieder. Die SSD ist in Folge definiert als die Summe der quadrierten Abweichungen aller Klassen der SAPD-Matrix von der Ziel-SAPD-Matrix. Somit ist der Wert 0 optimal und größere Werte für SSD sind schlechter.

In Abbildung 56 ist exemplarisch die SAPD Matrix des NEFZ dargestellt. Diese Art der Visualisierung gibt einen einfachen, grafischen Überblick über den Zyklus. Es wird deutlich, dass der Zyklus keinen breiten Längsdynamikbereich umfasst. Im Falle des NEFZ bewegt sich die Längsbeschleunigung im Bereich von -1,38 m/s^2 bis +1,04 m/s^2. Der größte Anteil wird durch Konstantfahrten darstellt. Durch den synthetischen Aufbau weist der Zyklus auch eine große Zahl von unbelegten Klassen zwischen den Betriebspunkten auf, was eine reale Fahrt üblicherweise nicht zeigt. Einzig die Stillstandsphasen sind hier aus der Visualisierung ausgeschlossen, da diese je nach Zyklus das Bild sehr dominant prägen und so eine optische Differenzierung in den anderen Klassen erschweren.

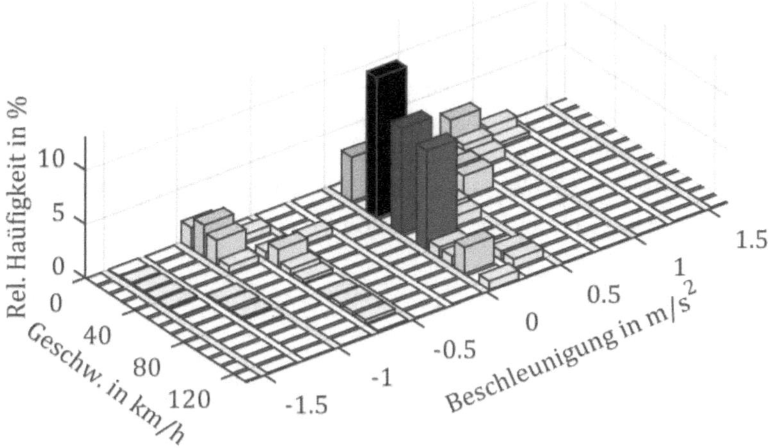

Abbildung 56: SAPD Matrix des NEFZ

Im Abschluss der Zyklusbildung werden alle Kandidatfahrzyklen nach beiden Kriterien bewertet und so in eine Rangfolge gebracht. Die endgültige Auswahl des besten Fahrzyklus erfolgt anhand der kleinsten Summe der Indizes nach beiden Kriterien, also entsprechend nach der besten mittleren Bewertung bei Gleichgewichtung der beiden Bewertungsverfahren.

8.4 Realfahrzyklen für Elektrofahrzeuge

Die hier vorgestellten Zyklen sind mittels der in 8.3 beschriebenen Methode erstellt, wobei die finale Auswahl jeweils als bester Zyklus aus 100 Mio. zufälligen Kombinationen von Fahrsequenzen getroffen wurde. Für die Erstellung der Zyklen werden insgesamt 16690 Zeitschriebe von Fahrten ausgewertet, die sich in 88431 Fahrsequenzen aufteilen lassen. Es handelt sich um eine Gesamtaufzeichnungsdauer von ca. 4700 Stunden und eine gefahrene Strecke von ca. 129000 km. Von den zu Grunde gelegten Fahrten können 74 % als Stadtfahrten klassiert werden und 26 % als Überlandfahrten. Eine Überlandfahrt ist dabei derart definiert, dass zumindest einmalig eine Geschwindigkeit von 70 km/h überschritten worden sein und mindestens 20 % der Fahrtzeit oberhalb von 60 km/h liegen muss.

Der so gebildete Gesamtfahrzyklus, der die Nutzung über alle Straßentypen abdeckt, wird im Folgenden als Flotten-BEV-Fahrzyklus bezeichnet (siehe Abbildung 57).

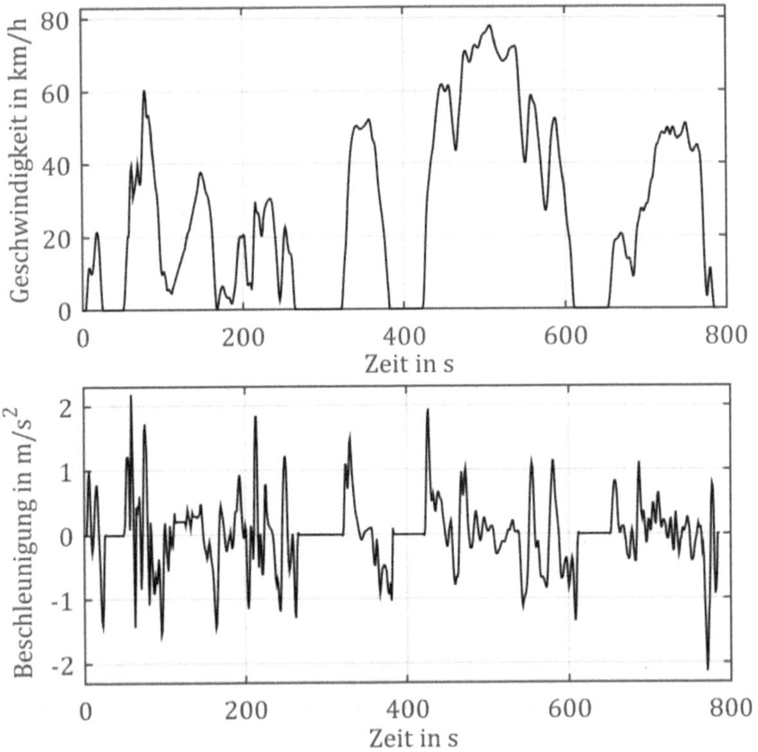

Abbildung 57: Flotten-BEV-Fahrzyklus

Die größte Abweichung eines einzelnen Zielkriteriums liegt bei 8 % und im Mittel weichen die Kriterien 2,8 % vom Ziel ab. Der PV des Zyklus beträgt 0,36 und die SSD 23,3.

Der Flotten-BEV-Fahrzyklus hat eine Fahrtlänge von 5828 m und eine Dauer von 783 s. Seine Durchschnittsgeschwindigkeit beträgt 26,7 km/h und der Durchschnitt für Geschwindigkeiten >0 liegt bei 34,6 km/h. Der Zyklus hat einen Stillstandsanteil von 22,6 % und umfasst 5 Fahrsequenzen. Die durchschnittliche tatsächlich gefahrene Zeit je Fahrsequenz liegt bei 101 s. Der Zeitverlauf des Zyklus als CSV-Darstellung findet sich in Kapitel 12.1.

Wie das Geschwindigkeitsprofil (Abbildung 57) zeigt, liegt der Nutzungsschwerpunkt im Gesamtfahrzyklus im urbanen Umfeld. So sind überwiegend Phasen mit einer Höchstgeschwindigkeit von 50 km/h und Segmente mit einem Tempolimit von 30 km/h enthalten. Der Zyklus startet mit einer Phase von 27 s Länge, in der maximal 21 km/h erreicht werden. Die Phase stellt das Verlassen des Firmenparkplatzes oder des Betriebshofes dar. Trotz der urbanen Fokussierung ist im Zyklus auch eine Phase mit Überlandanteil enthalten, in der im Maximum ca. 78 km/h erreicht werden. Bei dieser Phase handelt es sich um das längste Segment mit einer Fahrtdauer von 188 s. Insgesamt sind 13,7 % der Fahrgeschwindigkeit ohne Stillstandsanteile oberhalb von 60 km/h.

Die SAPD Matrix (siehe Abbildung 58) gibt einen Überblick über die Längsdynamik des Zyklus. Hierbei fällt im Vergleich zum NEFZ (siehe Abbildung 56) vor allem der breitere Wertebereich der Längsbeschleunigung und die homogenere Verteilung auf. Die stärkste Längsbeschleunigung liegt bei 2,18 m/s^2 und die maximale Verzögerung beträgt 2,14 m/s^2. Die am häufigsten belegte Klasse hat hier einen Zeitanteil von 4,1 % wohingegen der Spitzenwert des NEFZ bei ca. 13 % liegt. Im Gegensatz zur Definition des synthetischen NEFZ sind hier im empirisch basierten Zyklus im Kern des Diagramms auch alle Klassen belegt, da diese in der natürlichen Variation der Fahrgeschwindigkeit im Realverkehr durchlaufen werden. Die erreichte Höchstgeschwindigkeit hingegen liegt deutlich unter der des NEFZ, da die beobachteten Elektrofahrzeuge nur sehr selten auf Autobahnen eingesetzt werden.

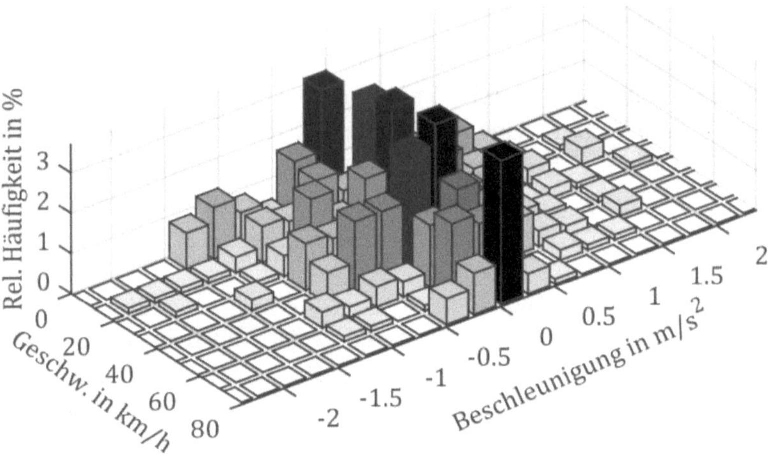

Abbildung 58: SAPD Matrix des Flotten-BEV-Fahrzyklus

Der Flotten-BEV-Fahrzyklus ist somit langsamer als der NEFZ mit einer Durchschnittsgeschwindigkeit von 26,7 km/h im Vergleich zu 33,4 km/h im NEFZ. Er ist dafür aber deutlich dynamischer mit einer doppelt so hohen umgesetzten positiven kinetischen Energie wie der NEFZ. Da der Zyklus vollständig auf real beobachteten Fahrsequenzen beruht, ist davon auszugehen, dass auf seiner Basis realistische Energieverbräuche für Elektrofahrzeuge in kommerziellen Flotten ermittelt werden können. Der Rückgriff auf tatsächlich gefahrene Geschwindigkeitsverläufe garantiert gleichzeitig auch die Fahrbarkeit des Zyklus mit Fahrzeugen der beobachteten Klasse oder solchen mit höherem Leistungsvermögen.

Neben dem Flotten-BEV-Fahrzyklus, der die Gesamtnutzung repräsentiert, wurde auch ein Fahrzyklus aufgebaut, der ausschließlich auf Fahrsequenzen beruht, die als Überlandfahrt klassiert wurden. Dieser Zyklus soll im Folgenden mit Flotten-BEV-Land-Fahrzyklus (siehe Abbildung 59) bezeichnet werden.

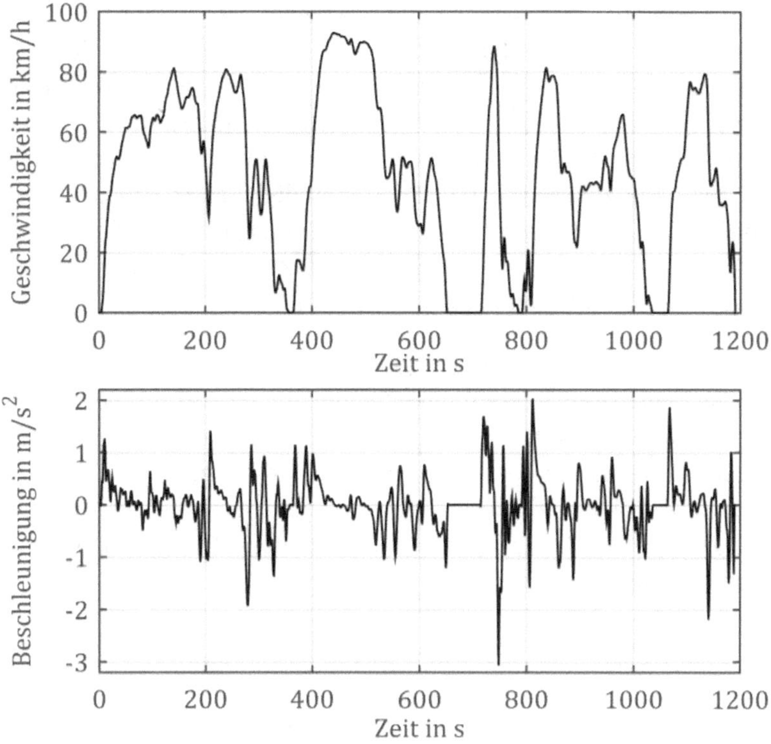

Abbildung 59: Flotten-BEV-Land-Fahrzyklus

Die größte Abweichung eines einzelnen Zielkriteriums bei der Zyklenbildung liegt bei 5 % und im Mittel weichen die Kriterien 2,1 % vom Ziel ab. Der PV des Zyklus beträgt 0,27 und die SSD 32,6.

Im Vergleich zum gemischten Zyklus ist der Land-Fahrzyklus mit einer Fahrtlänge von 15393 m und einer Dauer von 1190 s deutlich länger. Seine Durchschnittsgeschwindigkeit liegt mehr als 70 % über der des gemischten Zyklus und beträgt 46,6 km/h. Der Durchschnitt für Geschwindigkeiten >0 weicht hier mit 51,4 km/h nicht so sehr vom Gesamtdurchschnitt ab, da der Stillstandsanteil nur 9,3 % beträgt. Auch die Maximalgeschwindigkeit von

92,9 km/h liegt deutlich über der des gemischten Zyklus. Der Flotten-BEV-Land-Fahrzyklus besteht aus 5 Fahrsequenzen mit einer durchschnittlichen tatsächlichen Fahrzeit je Sequenz von 216 s. Die längste Sequenz hat eine Fahrtdauer von 353 s. Auch der ausschließlich auf Überlandsequenzen basierende Zyklus enthält Phasen mit einer zulässigen Höchstgeschwindigkeit von 50 km/h. Dies kommt durch die Ortsdurchfahrten zu Stande, die bei vielen Überlandfahrten abseits der Autobahnen auftreten. Der Zeitverlauf des Zyklus als CSV-Darstellung findet sich in Kapitel 12.2.

Die SAPD Matrix (siehe Abbildung 60) verdeutlicht, dass der Zyklus ein breiteres Geschwindigkeitsband abdeckt als der gemischte Zyklus und den Nutzungsschwerpunkt in schnelleren Geschwindigkeitsklassen hat. Darüber hinaus zeigt sie auch die größere Spanne der Längsdynamik. Die maximale Längsbeschleunigung des Zyklus liegt bei 2 m/s² und die stärkste Verzögerung findet mit einem Spitzenwert von 3,1 m/s² statt.

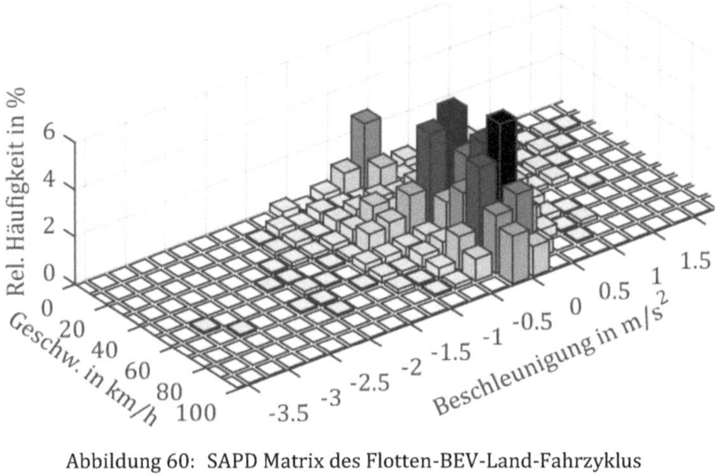

Abbildung 60: SAPD Matrix des Flotten-BEV-Land-Fahrzyklus

Die Bildung eines Zyklus auf Basis der Stadtfahrsequenzen resultiert im Flotten-BEV-Stadt-Fahrzyklus, der nur die urbane Nutzung abbildet (siehe Abbildung 61) und in CSV-Darstellung in Kapitel 12.3 zu finden ist.

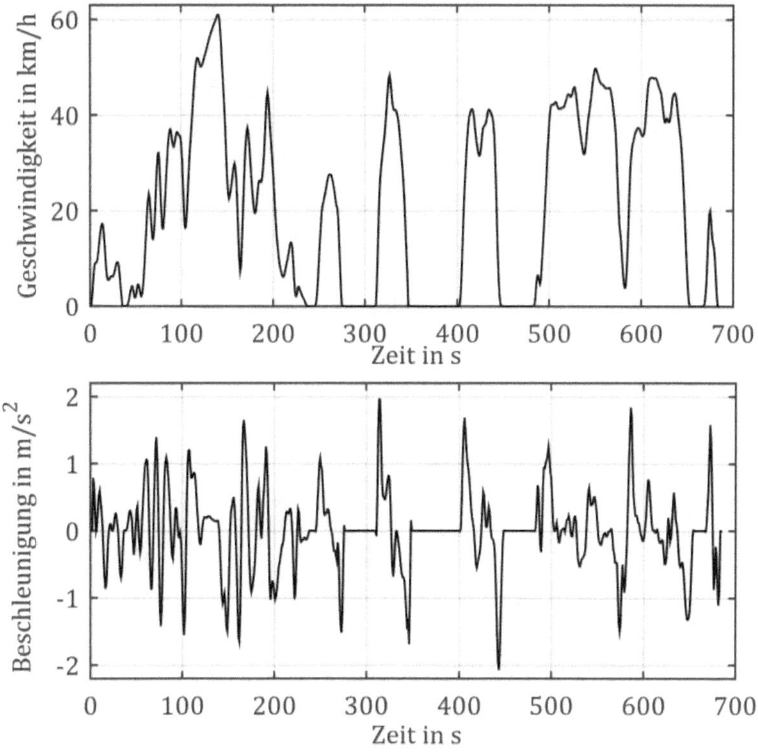

Abbildung 61: Flotten-BEV-Stadt-Fahrzyklus

Er hat im Vergleich der drei Teilzyklen mit 21,2 km/h die geringste Durchschnittsgeschwindigkeit, die kürzeste Dauer von 684 s und mit 4021 m auch die kürzeste Distanz. Der Durchschnitt der echt positiven Geschwindigkeiten liegt bei 27,5 km/h und der Stillstandsanteil beträgt 23,3 %. Dennoch hat er mit 7 die größte Anzahl Fahrsequenzen. Die mittlere tatsächlich gefahrene Dauer je Fahrsequenz beträgt hier lediglich 75 s. Die größte Fahrtdauer einer Sequenz liegt bei 169 s.

Die SAPD Matrix in Abbildung 62 dient auch hier wieder zur anschaulichen Visualisierung des Dynamikumfangs des Zyklus. Zunächst fällt auf, dass die Klasse von 60-70 km/h als schnellste Geschwindigkeitsklasse belegt ist. Dies sollte eigentlich bei einer zulässigen Höchstgeschwindigkeit von üblicherweise 50 km/h in Städten nicht vorkommen. Durch den Realcharakter des Zyklus werden jedoch auch solche Abweichungen vom legislativen Soll mitberücksichtigt. In diesem Fall geschieht die Überschreitung des Tempolimits in einem Beschleunigungsvorgang, der bis 61 km/h ausgeführt wurde, wobei das Fahrzeug im Anschluss sofort wieder verzögert wurde. Im Resultat bewegt sich das Fahrzeug 4 % der Zykluszeit oberhalb von 50 km/h.

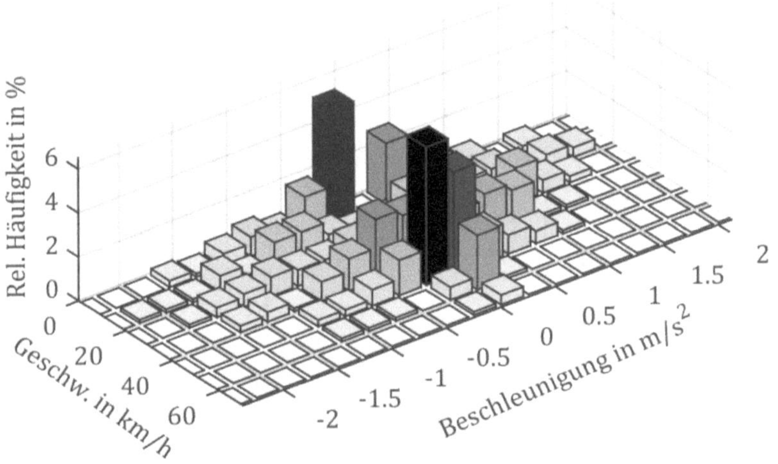

Abbildung 62: SAPD Matrix des Flotten-BEV-Stadt-Fahrzyklus

Der Nutzungsschwerpunkt des Zyklus liegt jedoch im Bereich der Konstantfahrt in der Klasse zwischen 40 km/h und 50 km/h. Die Längsdynamik bewegt sich dabei zwischen -2,1 m/s^2 und 2 m/s^2. Auffällig ist hier, dass der Zeitanteil in Klassen mit nahezu konstanter Fahrt im Stadtzyklus vergleichsweise gering ausfällt. Inklusive der Stillstandsphasen, die alleine schon für 23,3 % der

Zykluszeit verantwortlich sind, befindet sich das Fahrzeug 52,5 % der Zeit in einem Längsbeschleunigungsbereich zwischen -0,5 m/s^2 und 0,5 m/s^2. Die restliche Zeit wird das Fahrzeug stärker beschleunigt oder verzögert, was sich ja auch schon im eher unruhigen Verlauf der Fahrgeschwindigkeit gezeigt hat.

In Form eines prägnanten Kennwertes lässt sich dieses Phänomen anhand der Anzahl der Beschleunigungs-Verzögerungs-Wechsel je Kilometer beschreiben. Diese liegt im Stadtzyklus bei 8,2 im Vergleich zu 6,2 im gemischten Fahrzyklus und 3,4 für den Landfahrzyklus. Es bleibt also festzuhalten, dass die Volatilität der Fahrgeschwindigkeit mit dem Innerortsanteil der Fahrt steigt.

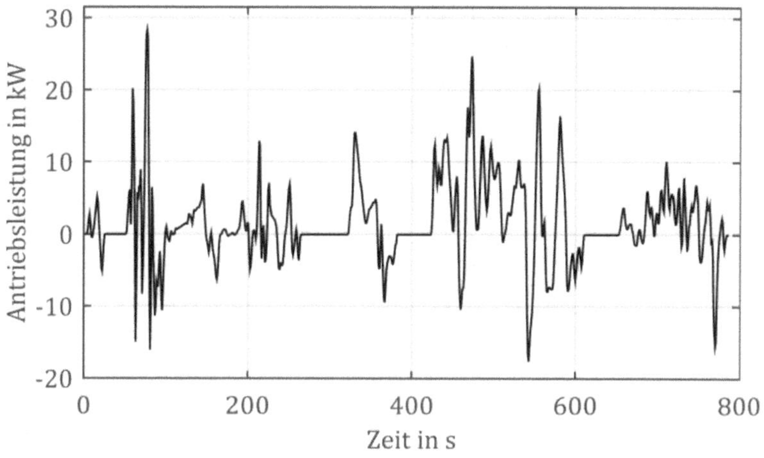

Abbildung 63: Leistungsbedarf im Flotten-BEV-Fahrzyklus

Der Leistungsbedarf zur Durchfahrung der Zyklen kann mit Hilfe einer Längsdynamiksimulation bestimmt werden. Dabei wird ein elektrischer Kleinwagen mit vergleichbarer Geometrie wie die im Projekt eingesetzten Fahrzeuge und Fahrt in der Ebene vorausgesetzt. Abbildung 63 zeigt den Verlauf der erforderlichen Antriebsleistung im gemischten Flotten-BEV-Fahrzyklus. Der Großteil der

Werte bewegt sich hier unterhalb von 15 kW, wobei in Spitzen bis zu 28 kW erreicht werden.

In Abbildung 64 ist die benötige Antriebsleistung zur Durchfahrung des Flotten-BEV-Land-Fahrzyklus dargestellt. Nahezu alle Werte bleiben hier unterhalb von 20 kW. In Beschleunigungsspitzen werden jedoch einmalig bis zu 38 kW abgerufen. Auch im Verzögerungsfall bietet der Zyklus ein höheres Leistungsniveau als der gemischte Zyklus.

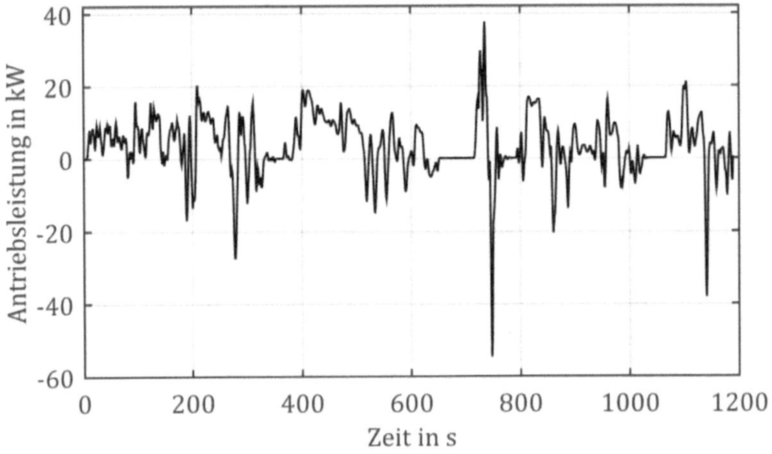

Abbildung 64: Leistungsbedarf im Flotten-BEV-Land-Fahrzyklus

Abbildung 65 zeigt den Leistungsbedarf für den Antrieb im Flotten-BEV-Stadt-Fahrzyklus. Auf Grund der überwiegend niedrigen Geschwindigkeiten und eher komfortorientierten Beschleunigungen liegt hier ein Großteil der Werte unter 10 kW. Diese werden jedoch bei Beschleunigungsvorgängen regelmäßig überschritten, wobei in der Spitze bis zu 16 kW Antriebsleistung abgerufen werden. Die aufzunehmenden Leistungen im Bremsfall bewegen sich auf ähnlichem Niveau wie im Antriebsfall. Diese Betrachtung zeigt, dass ein kompaktes Fahrzeug, das rein auf urbanen Betrieb ausgelegt ist, bereits mit vergleichsweise geringer installierter Motorleistung die übliche Kundennutzung im beobachteten Umfeld abbilden kann.

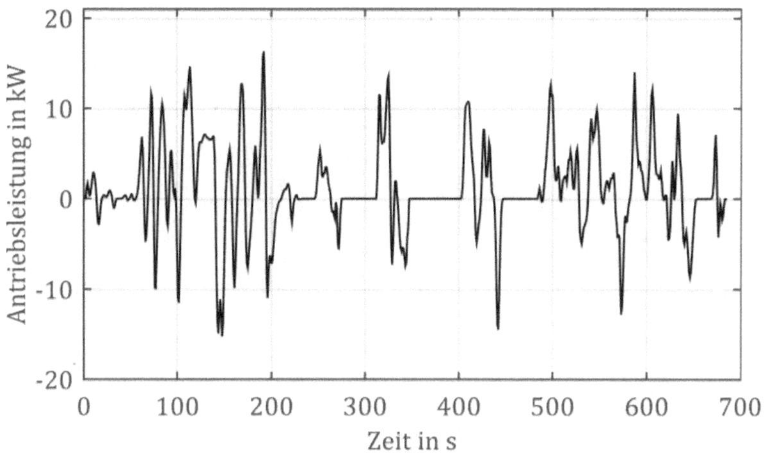

Abbildung 65: Leistungsbedarf im Flotten-BEV-Stadt-Fahrzyklus

8.5 Vergleich mit WLTC

Zukünftig soll der Worldwide harmonized Light duty driving Test Cycle (WLTC) den NEFZ und viele weitere nationale Zyklen als Zertifizierungsgrundlage ablösen. Der genaue Einführungstermin wird jedoch immer wieder verschoben, da dem Zyklus nach und nach Änderungen hinzugeführt werden. Hierbei handelt es sich um einen transienten Zyklus, der aus verschiedenen Realfahrsequenzen aus der EU, Schweiz, USA, Indien, Korea und Japan aufgebaut ist. Er bietet außerdem bei verschiedenen Sequenzen Variationsmöglichkeiten, um Fahrzeuge niedriger Leistung, wie sie beispielsweise in Indien verbreitet sind, mit alternativen Verläufen berücksichtigen zu können. Abbildung 66 zeigt den Zyklus in seiner anspruchsvollsten Version. Diese wird genutzt für Fahrzeuge der Klasse 3, also solche mit einer Leistung von über

34 W/kg, die eine Höchstgeschwindigkeit von über 120 km/h aufweisen [TUT13].

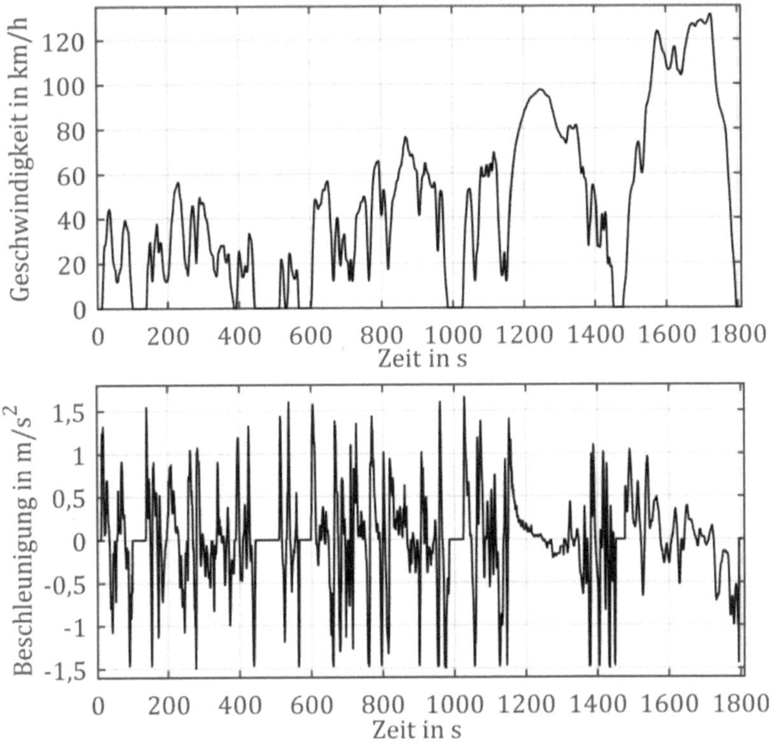

Abbildung 66: WLTC für Fahrzeuge der Klasse 3 nach [TUT13]

Mit einer gefahrenen Länge von über 23 km ist der Zyklus jedoch nicht repräsentativ für die beobachtete Nutzung von Elektrofahrzeugen, wo kürzere Strecken klar dominieren. Auch der Stillstandsanteil von nur 13,4 % ist zu niedrig für diese Fahrzeugkategorie im Gegensatz zu 22,6 % im Flotten-BEV-Fahrzyklus. Somit kann der WLTC nicht als Grundlage für vollständig repräsentative energetische Untersuchungen solcher Fahrzeuge und deren überwiegende Einsatzformen gesehen werden. Der Rollwiderstand wird sich beispielsweise im Zyklus anders auswirken als in der Realität, da das Fahrzeug im WLTC einen größeren Zeitanteil mit warmen Reifen fährt. Auch die Energiemenge pro km zur Herstellung des gewünschten thermischen Komforts wird abweichen, da hier besonders die initiale Klimatisierungsphase zum erstmaligen Einstellen des Klimaziels ins Gewicht fällt. Der WLTC hat mit einer Dauer von 30 min einen unrepräsentativ hohen Zeitanteil, wo dieses erreichte Ziel nur gehalten werden muss.

Die längsdynamischen Abweichungen zwischen Flotten-BEV-Fahrzyklus und WLTC lassen sich am besten anhand der Differenz der SAPD Matrizen zusammenfassen, wobei jeweils aus Gründen der Übersichtlichkeit nur positive Elemente dargestellt sind. Somit sind in Abbildung 67 die Klassen dargestellt, in denen der Flotten-BEV-Fahrzyklus eine höhere Aufenthaltsdauer hat als der WLTC.

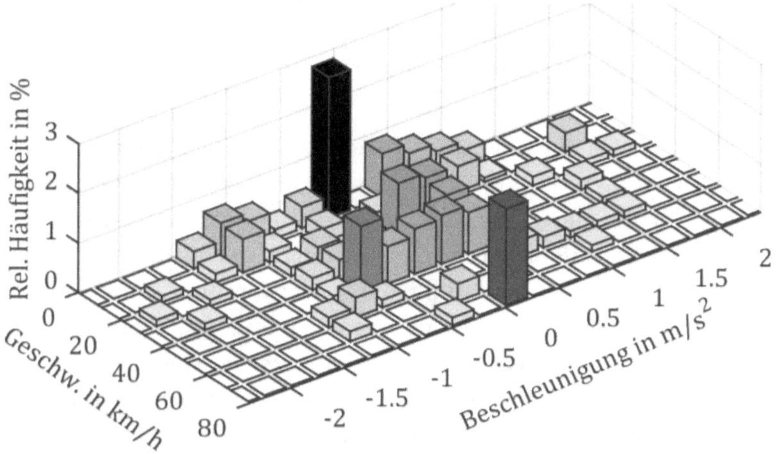

Abbildung 67: Differenz-SAPD Matrix zwischen Flotten-BEV-Fahrzyklus und WLTC

Aus der Abbildung wird deutlich, dass dies hauptsächlich den Geschwindigkeitsbereich bis 50 km/h betrifft, der somit im WLTC vergleichsweise unterrepräsentiert ist. Aber auch der Bereich der Konstantfahrt bei Landstraßentempo zwischen 70 und 80 km/h ist im Flotten-BEV-Fahrzyklus häufiger vertreten. In Abbildung 68 hingegen ist dargestellt, welche Klassen im WLTC häufiger auftreten als im Flotten-BEV-Fahrzyklus.

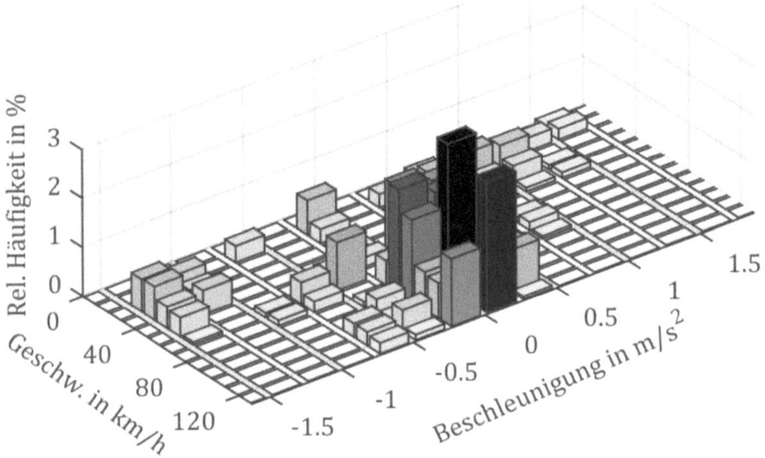

Abbildung 68: Differenz-SAPD Matrix zwischen WLTC und Flotten-BEV-Fahrzyklus

Der Kernbereich der Unterschiede liegt hier im Geschwindigkeitsbereich zwischen 80 und 120 km/h. Diese Unterschiede resultieren jedoch aus der Schlussphase des WLTC, die für langsamere Fahrzeuge bei niedrigeren Geschwindigkeiten gefahren wird. Daneben fällt bei Betrachtung der Längsbeschleunigungen auf, dass der WLTC häufiger Beschleunigungen und Verzögerungen im Betragsbereich von 1 bis 1,5 m/s^2 bei städtischer Geschwindigkeit abbildet als der Flotten-BEV-Fahrzyklus, der entsprechend häufiger sanfte Beschleunigungen und Verzögerungen mit weniger als 1 m/s^2 darstellt. Dies könnte nach Analyse der in [TUT13] differenziert präsentierten multinationalen Basis der Datenerhebung auf die nationalen Anteile zurückzuführen sein, da im US-Datensatz höhere Längsbeschleunigungen häufiger auftreten als im europäischen Datensatz.

9 Bedarfsgerechte Auslegung

Batterieelektrische Fahrzeuge bieten nach derzeitigem Stand der Technik ein Leistungsvermögen, mit dem nicht jedes Szenario, in dem heute ein konventionelles Fahrzeug eingesetzt wird, abgedeckt werden kann. Durch die Energiedichte der Speichertechnologien ist in einem üblichen Package die Reichweite zwischen zwei Ladevorgängen auf maximal einige hundert Kilometer limitiert. Die Dauer der Ladevorgänge ist jedoch im Vergleich zu konventionellem Tanken noch so lange, dass damit eine Zwangspause der Nutzung einhergeht. Demnach ist die effektive Reichweite für den Nutzer begrenzt und diese Antriebsform nur mit Einschränkungen für Fernverkehrsereignisse geeignet.

Neben dieser harten Einschränkung gilt es jedoch, auch diverse weitere Grenzen der Nutzung zu definieren. Diese Grenzen sind allerdings nicht direkt aus einer technischen Limitierung heraus abzuleiten, sondern zu Gunsten einer hohen Gesamteffizienz des Fahrzeugkonzepts geeignet zu wählen. Denn mit einer größeren gewünschten Leistungsfähigkeit steigt auch der Kosten- und Materialeinsatz. Gerade im Bereich des Antriebsstrangs sind dies auch Materialien wie seltene Erden oder Lithium, deren Förderung mit großem Aufwand oder problematischen Umweltauswirkungen verbunden ist [FEI11]. Daher ist eine ressourcensparende Auslegung vorzuziehen, da diese zu einem leichteren, effizienteren, günstigeren und umweltschonenderen Fahrzeug führt.

Die Auslegung sollte jedoch gleichzeitig so getroffen werden, dass der Nutzwert für den Anwender erhalten bleibt. Also gerade so leistungsfähig wie nötig, um gleichzeitig wirtschaftlich bleiben zu können. Eine Überdimensionierung ist folglich zu vermeiden, da diese mit Ressourcenverschwendung und höherem Energieverbrauch im Betrieb einhergeht. Allerdings kann die Anpassung nicht zu feinschrittig für zu viele Einsatzszenarien gemacht werden, weil sonst Skaleneffekte in Entwicklung und Produktion entfallen würden, was die Kosten wiederum steigern würde.

Aus diesem Grund werden in Folge die Rahmengrößen einer bedarfsgerechten Auslegung für ein in kommerziellen Flotten genutztes Elektrofahrzeug definiert, die auf der in Kapitel 4 getätigten Analyse der Realnutzung bestehender Fahrzeuge beruht.

Somit kann sichergestellt werden, dass die Nutzer nicht derart limitiert werden, dass die Akzeptanz des Konzepts leidet. Im normalen Betrieb wird das Fahrzeug den Anforderungen der Anwender voll gerecht werden und kann gegenüber bestehenden Konzepten seine Vorteile in den Bereichen Effizienz und Umweltfreundlichkeit ausspielen.

Gleichzeitig wird jedoch bewusst darauf verzichtet, das gesamte beobachtete Spektrum mit allen statistischen Ausreißern abzudecken, das Konzept also für die meisten Fälle überzudimensionieren, da das Fahrzeug für den Einsatz in einer heterogenen Fahrzeugflotte bzw. in Szenarien mit alternativen Transportmitteln vorgesehen ist. Somit wird die Auslegung auf den Kern der Nutzung und nicht auf die Ausreißer konzentriert, da diese seltenen Ereignisse von anderen Flottenfahrzeugen abgedeckt werden können, sei es aus der eigenen Flotte oder über Car-Sharing-Konzepte. Die Effizienz der häufigen Betriebspunkte kann dadurch jedoch deutlich erhöht werden, was die Gesamteffizienz der Flotte steigert. Der optimierte Ressourceneinsatz steigert dabei die Nachhaltigkeit des Konzepts. Und vor allem kann ein deutlich kostengünstigeres Konzept gestaltet werden, als wenn man das gesamte Spektrum abdecken wollte. Diese Kostenvorteile beseitigen die finanziellen Nachteile gegenüber einem konventionellen Fahrzeug und damit das größte Akzeptanzhemmnis gegenüber Elektrofahrzeugen, was das Potential birgt, ihren Markterfolg zu steigern.

9.1 Technische Spezifikation

9.1.1 Anzahl der Sitzplätze

In der Reduktion auf den Kern der beobachteten Nutzung benötigt das Fahrzeug nur zwei Sitzplätze. Aus den per Smartphone erhobenen Zusatzinformationen ist bekannt, dass zu 77 % nur eine Person im Fahrzeug sitzt und nur bei etwa jeder 14. Fahrt mehr als zwei. Auch in [FOL10b] kann dieser Trend bestätigt werden, da ein durchschnittlicher Besetzungsgrad von PKW für Dienstfahrten von 1,1 Personen ermittelt wird. Daher sollte das Fahrzeug als Zweisitzer gestaltet werden. Hiermit kann der größte Teil des Einsatzspektrums abgedeckt werden und diese Bauform ermöglicht ein kompaktes, leichtes und effizientes Fahrzeug, das sparsam mit Verkehrsfläche und Parkraum umgeht.

9.1.2 Höchstgeschwindigkeit

In 7.3.1 wurde gezeigt, dass die Fahrzeuge durch den überwiegenden Einsatz im Nahbereich auch vorwiegend in urbanen Geschwindigkeitsbereichen eingesetzt werden. Dennoch kann auch die Nutzung auf Landstraßen nicht vernachlässigt werden, da immerhin ca. 22 % der Strecke oberhalb von 75 km/h gefahren wird. Ein häufiges Tempolimit auf Landstraßen beträgt 100 km/h. Die Realnutzung zeigt jedoch, dass Tempolimits in der Tendenz häufig leicht überschritten werden, sodass 100 km/h keine ausreichende Höchstgeschwindigkeit für die Auslegung darstellt. In Abbildung 31 ist dargestellt, dass sich bei derartiger Auslegung ein unnatürlicher Peak im Geschwindigkeitsprofil um die Höchstgeschwindigkeit ausprägt, da häufig die Drosselung des Fahrzeugs die Fahrgeschwindigkeit bestimmt. Dies ist jedoch ein deutliches Akzeptanzhemmnis. Daher sollte eine Höchstgeschwindigkeit definiert werden, die ein natürliches Auslaufen des Geschwindigkeitsprofils auf Landstraßen ermöglicht. Mit 110 km/h wird nur noch in 0,5 % der Nutzungsdauer im betrachteten Szenario eine

Limitierung vorgenommen im Vergleich zu einem Fahrzeug mit höherer Maximalgeschwindigkeit. Eine stärkere Fokussierung auf Geschwindigkeitsbereiche, die nur auf Autobahnen erreicht werden, sollte nicht angestrebt werden, denn im Verbund einer heterogenen Fahrzeugflotte werden vorrangig andere Fahrzeugtypen mit größerer Reichweite und größerer Leistungsfähigkeit für Autobahnfahrten gewählt, da dieser Straßentyp primär für weitere Distanzen genutzt wird. Zum Halten der gewählten 110 km/h Höchstgeschwindigkeit ist bei einem zu den in der Studie eingesetzten elektrischen Kleinwagen vergleichbaren Fahrzeug eine Dauerleistung von knapp unter 20 kW ausreichend.

Eine Auslegung rein für den städtischen Betrieb sollte bei Flottenfahrzeugen für den kerneuropäischen Einsatz allerdings auch nicht getroffen werden, da in vielen Fahrten Überlandanteile enthalten sind, bei denen ein reines Stadtfahrzeug dem allgemeinen Verkehrsfluss nicht mehr folgen könnte. Derartige Fahrzeugkonzepte sind nur für den rein urbanen Einsatz in Megacities wie Singapur in Betracht zu ziehen.

9.1.3 Beschleunigungsvermögen

Die Auslegung der motorischen Leistung erfolgt üblicherweise nach der gewünschten Maximalleistung [VOL95]. Diese Auslegung ist sinnvoll, um eine Differenzierung im Wettbewerb anhand der Fahrleistungen des Fahrzeugs vornehmen zu können. Sie ermöglicht den Herstellern, sich entsprechend mit dem Leistungsvermögen für eine Zielgruppe zu positionieren. Im Falle höherer Leistungen führt dies jedoch im Realbetrieb quasi zwangsläufig zu einer Überdimensionierung für den Großteil des Betriebs. Dennoch wird diese Art der Auslegung von vielen Käufern geschätzt, da im Bedarfsfall ausreichend Zugkraftüberschuss für ein souveränes Fahrgefühl vorhanden ist. Mit Blick auf den Gesamtbetrieb ist diese Auslegung allerdings ineffizient, wenn es darum geht, die Mobilitätsbedürfnisse der Nutzer bestmöglich abzudecken. Ein größeres Beschleunigungsvermögen erfordert im Fall eines Elektrofahrzeugs eine stärkere elektrische Maschine, eine potentere Leistungselektronik und eine Batterie, die mit höheren Lade- und Entladeströmen umgehen kann. Dies führt zu einem größeren Rohstoffeinsatz und höherem Fahrzeuggewicht. Im Fall einer permanenterregten Maschine wird insbesondere der Bedarf an Magnetmaterial größer, was eine deutliche Kostensteigerung bewirkt. Darüber hinaus schlägt sich diese Auslegung durch das höhere Fahrzeuggewicht im Nutzungsfall in größerem Verbrauch nieder. Dies erfordert für gleiche Reichweite eine größere Batteriekapazität, was die Kosten erneut steigert. Gleichzeitig steigt mit der Leistungsfähigkeit auch der Bedarf an Rohstoffen, die energetisch aufwändig oder ökologisch problematisch zu fördern sind. Somit führt eine sparsamere Auslegung direkt auch zu einer besseren Umweltbilanz des Ressourceneinsatzes für das Fahrzeug.

Bei einem kommerziell genutzten Flottenfahrzeug handelt es sich primär um ein Transportmittel, das dem normalen Dynamik- und Mobilitätsbedarf der Nutzer gerecht werden soll. Eine Auslegung nach der nur selten gewünschten Maximalleistung ist daher aus ökologischer und ökonomischer Sicht ineffizient.

Die Auslegung soll daher nach dem in 7.3.2 analysierten Beschleunigungsverhalten erfolgen. Dabei ist ein Kompromiss zu wählen, der das beobachtete Kundenverhalten durch die Leistungsfähigkeit des Fahrzeugs nicht zu sehr und damit akzeptanzhemmend limitiert und gleichzeitig aber einen sparsamen Ressourceneinsatz ermöglicht. Im vorliegenden Fall wird die Grenze so definiert, dass der Nutzer in 90 % der Anfahrvorgänge noch den robust bestimmten Höchstwert der gewünschten Längsbeschleunigung erreichen kann. Daher wird ein Längsbeschleunigungsvermögen von 2,5 m/s^2 gefordert. Somit würde der Fahrer statistisch nur bei jedem 10. Anfahrbeschleunigungsvorgang die Grenze des Leistungsvermögens des Fahrzeugs erreichen, was als sinnvolle Auslegungsgrenze betrachtet wird. Bei der beobachteten

Anzahl Fahrsequenzen und damit der Anfahrvorgänge aus dem Stand heraus, würde statistisch seltener als ein Mal pro Fahrt überhaupt eine Begrenzung eines Beschleunigungsvorgangs stattfinden. Bezogen auf alle während Anfahrvorgängen auftretenden Längsbeschleunigungswerte können mit dieser Auslegung über 98 % der Merkmalsausprägungen realisiert werden. Um eine ausreichende Dynamik des Fahrzeugs zu vermitteln, genügt es, wenn dieses Beschleunigungsvermögen im Geschwindigkeitsbereich der großen, initialen Anfahrbeschleunigungen erreicht wird, wofür als obere Grenze ca. 35 km/h angesetzt werden können. Bei Geschwindigkeiten darüber hinaus ist die Auslegung nach den Zwischenbeschleunigungen entscheidend, wobei in analogem Vorgehen 1,7 m/s^2 als Grenze definiert werden können.

Mit dem so festgelegten Beschleunigungsvermögen ist auch die Fahrbarkeit der in 8.4 definierten Realfahrzyklen gewährleistet, da sowohl die Beschleunigungsspitzen beim Anfahren als auch die etwas niedriger liegenden Spitzen bei Zwischenbeschleunigungen abgedeckt werden können.

Für die Auslegung eines elektrischen Kleinwagens analog zu den in der Studie eingesetzten Fahrzeugen ist eine Motorleistung von 30 kW zur Realisierung des vollen Spurtvermögens bis 35 km/h ausreichend und mit einer Leistung von 35 kW kann auch im üblichen urbanen Geschwindigkeitsbereich bis 55 km/h das volle Zwischenbeschleunigungsvermögen realisiert werden.

Weiterhin kann davon ausgegangen werden, dass bei konsequenter bedarfsgerechter Auslegung leichtere Fahrzeug als die hier verglichenen realisiert werden können, was den Leistungsbedarf zum Erreichen der geforderten Fahrdynamischen Kennwerte weiter reduzieren würde.

9.1.4 Elektrische Maschine und Getriebe

In 7.3.1 wurde gezeigt, dass die Fahrzeuge zu 86 % der Fahrzeit langsamer sind als 60 km/h. Daher ist bei der Auslegung der elektrischen Maschine zunächst auf eine besonders hohe Effizienz in diesem Bereich zu achten. Für die Auslegung können sowohl der Flotten-BEV-Fahrzyklus als auch der Flotten-BEV-Stadt-Fahrzyklus als Fahrprofile zu Grunde gelegt werden. Daneben kann auch das Kennfeld in Abbildung 37 eingesetzt werden. Die Untersuchungen zeigen jedoch auch, dass 35 % des gefahrenen Weges und damit ein beträchtlicher Energieumsatz oberhalb von 65 km/h stattfinden. Daher darf die Effizienz im außerstädtischen Geschwindigkeitsbereich nicht vernachlässigt werden. Je nach eingesetzter elektrischer Maschine sollte daher die Nutzung eines zweistufigen Getriebes in Betracht gezogen werden, um die Gesamteffizienz des Antriebstrangs auf Landstraßen- und Autobahnabschnitten zu steigern. Bei einer Spreizung des Zweiganggetriebes von 2, würde der Geschwindigkeitsbereich im ersten Gang des Fahrzeugs zwischen 35 und 50 km/h dem gleichen Drehzahlbereich des Motors bei einer Fahrgeschwindigkeit zwischen 70 und 100 km/h im zweiten Gang entsprechen. Somit könnten mit einem Drehzahlbereich die wichtigsten Betriebspunkte für Stadt- und Überlandbetrieb abgedeckt werden, was die effiziente Gestaltung der Maschine erleichtert.

Zur Festlegung der benötigten Motorleistung muss zunächst die Unterscheidung zwischen Dauerleistung und Peakleistung getroffen werden. Die Dauerleistung ist die mechanische Leistung, die dem Motor im Betrieb kontinuierlich entnommen werden kann, ohne ihn zu überlasten. Diese muss mindestens auf dem Niveau der zum Halten der Höchstgeschwindigkeit benötigten Leistung liegen, um eine kontinuierliche Fahrt mit Höchstgeschwindigkeit zu ermöglichen. Die Peak-Leistung hingegen muss vom Motor nur für einen kurzen Zeitraum während Beschleunigungsvorgängen aufgebracht werden, weshalb hier eine höhere Last abgerufen werden kann, die im stationären Betrieb zu einer thermischen Überlastung führen würde. Für die Auslegung der Peak-Leistung ist das geforderte Beschleunigungsvermögen entscheidend.

In den Kapiteln 9.1.2 und 9.1.3 wurden unter Zuhilfenahme der in Kapitel 6.2 beschriebenen Längsdynamiksimulation die geforderten Leistungen errechnet für Fahrzeuge, die den in der Studie eingesetzten Kleinwagen vergleichbar sind. Die benötigte Dauerleistung der elektrischen Maschine liegt somit bei ca. 20 kW und die Peak-Leistung bei 35 kW. Mit einer derart spezifizierten Leistung können die Kapitel 8.4 definierten Realfahrzyklen für den städtischen Betrieb und den gemischten Betrieb problemlos durchfahren werden. Einzig im Überlandzyklus wird die geforderte Leistung bei einer Zwischenbeschleunigung für eine Sekunde um knapp 3 kW unterschritten, was als zulässige Einschränkung angesehen wird.

9.1.5 Rekuperationsgrenze

Auch für die Definition der Rekuperationsgrenze ist es nötig, einen geeigneten Kompromiss zwischen notwendiger Leistungsfähigkeit der elektrischen Maschine und Rekuperationsfähigkeit und somit Effizienz des Fahrzeugs zu finden. Wenn das Fahrzeug in der Lage ist, Verzögerungen bis 1,7 m/s^2 mit der elektrischen Maschine zu generieren, kann bereits 90 % der Dauer von Anhalteverzögerungen ohne den Einsatz der Betriebsbremse abgedeckt werden. Bei einer Verzögerungsfähigkeit von 2,1 m/s^2 steigt dieser Anteil auf 95 %. Da bei Zwischenverzögerungen geringere Längsverzögerungswerte auftreten, können diese somit nahezu vollständig ohne Betriebsbremse umgesetzt werden.

Geht man davon aus, dass die elektrische Maschine im Brems- und Antriebsfall gleich leistungsfähig ist, können mit der in 9.1.3 definierten Grenze von 2,5 m/s^2 prinzipiell sogar über 97 % der Verzögerungswerte bei Anhaltevorgängen durch die elektrische Maschine abgedeckt werden.

9.1.6 Reichweite

Bei der Auslegung der Reichweite wird davon ausgegangen, dass das Fahrzeug einen üblichen Nutzungstag ohne zwischenzeitliches Nachladen durchhalten soll, weil der Zwang zum regelmäßigen untertägigen Nachladen ein Akzeptanzhindernis darstellen kann. Zum Ende jedes Tages wird eine Nachlademöglichkeit vorausgesetzt, da gewerblich genutzte Fahrzeuge üblicherweise auf dem Firmengelände abgestellt werden und auch 70 % der privat genutzten Fahrzeuge in Deutschland im Regelfall nachts auf dem eigenen Grundstück abgestellt sind [ARA11], wo eine Lademöglichkeit geschaffen werden kann.

Aus diesem Grund ist die Reichweite für den festgestellten Mobilitätsbedarf eines Tages auszulegen. Die Kostenvorteile, die sich in Folge für kommerzielle Nutzer durch eine bedarfsgerechte Reichweite ihres Elektrofahrzeugs einstellen können, wurden erstmalig in [PFR13] präsentiert.

Als Auslegungsreichweite werden somit 80 km angesetzt, da diese genügen, um ca. 95 % aller mobilen Tage abzudecken. Da die Fahrzeuge nicht täglich eingesetzt werden, wäre somit selbst bei Verzicht auf untertägiges Nachladen nur für weniger als einen Arbeitstag pro Monat ein alternatives Fahrzeug zu wählen. Gelingt es darüber hinaus an Tagen mit hohem Reichweitenbedarf, im Tagesverlauf Energie für 32 km Fahrweite nachzuladen, können sogar 99 % der mobilen Tage abgedeckt werden. Kann generell organisatorisch von einer untertägigen Lademöglichkeit beispielsweise während der Mittagspause ausgegangen werden, so ist aus Kostengründen auch eine Auslegungsreichweite von 50 km in Betracht zu ziehen, da diese bereits über 80 % der mobilen Tage abdeckt. Somit wäre erst an jedem 5. mobilen Tag ein zwischenzeitliches Nachladen erforderlich, was als akzeptable Lösung anzusehen ist.

Auch als rein elektrische Reichweite von Plug-In-Hybrid-Fahrzeugen in kommerziellen Flotten ist 50 km mit 80 % Tagesfahrtweitenabdeckung als sinnvolle Auslegung anzusehen. Darüber hat die EVF der Tagesfahrtweite (siehe Abbildung 25) eine immer stärkere Rechtskrümmung, sodass überproportional viel zusätzliche Reichweite für einen höheren Abdeckungsgrad installiert werden muss. Daher ist es aus wirtschaftlicher Sicht vorteilhaft, Anteile darüber mit Hilfe des Verbrennungsmotors abzudecken.

9.1.7 Batteriekapazität

Die notwendige Batteriekapazität richtet sich nach dem Energiebedarf für die reine Mobilität und dem zusätzlichen Bedarf für Komfortenergie. Daher hängt diese stark vom jeweiligen Fahrzeugkonzept und dessen Ausstattung ab. In [TEN11] wurde aus der zusammenfassenden Auswertung verschiedener Projekte 16,9 kWh/100 km als üblicher Verbrauch für Elektrofahrzeuge der Kompakt- und Mittelklasse ermittelt. Im Rahmen der hier vorliegenden Studie wurde für den Fahrzeugtyp Peugot iOn ein Median des Verbrauchs von 14,5 kWh/100 km ermittelt. Bei einer Auslegungsreichweite von 80 km ist somit eine installierte Batteriekapazität von 11,6 kWh erforderlich. In jedem Fall ist jedoch abhängig von der Leistungsfähigkeit der verbauten Nebenverbraucher entsprechender Puffer für Komfortfunktionen in der Auslegung einzuplanen. Im hier untersuchten Fall liegt der Verbrauch bei Fahrten mit eingeschalteten Nebenverbrauchern 24 % höher.

Auf Grund der großen Häufigkeit von Tagen, die die Dimensionierungsreichweite von 80 km höchstens zur Hälfte ausreizen, ist ein modularer Aufbau mit unterschiedlichen Batterietypen in Betracht zu ziehen. Zu 73 % bleiben die Fahrzeuge unter 40 km kumulierter Tagesfahrtweite, was im Umkehrschluss bedeutet, dass die obere Hälfte der Batteriekapazität nur für etwa jede vierte Fahrt benötigt wird. Daher bietet es sich an, zur Abdeckung der unteren Kapazitätshälfte eine Zellchemie zu wählen, die sich besonders durch eine Zyklenfestigkeit auszeichnet, um der Lebensdauerauslegung des Fahrzeugs gerecht zu werden. Für die obere Hälfte der Kapazität kann eine Zusammensetzung gewählt werden, bei der eine um Faktor 4 niedrigere Zyklenfestigkeit zu Gunsten einer höheren Energiedichte zugelassen werden kann. Somit könnte beispielsweise auf die Lithium-Schwefel-Technologie zurückgegriffen werden, die zwar in der Zyklenfestigkeit noch nicht gleich auf ist, aber eine um Faktor 2-3 höhere Energiedichte als marktverfügbare Lithium-Batterien ermöglicht [SON13]. Weiterhin kann hier auch der übliche Trade-Off zwischen Zyklenfestigkeit und Innenwiderstand bei der Entwicklung des Elektrolyten [SCH13a] zu Gunsten eines besseren Innenwiderstands und dadurch geringerer Verluste ausgelegt werden. Somit kann eine leichtere und kompaktere Batterie derselben Kapazität zusammengestellt werden, die im Kundenzyklus die gleiche Lebensdauererwartung hat wie mit vollständig homogenem Zellaufbau. Darüber hinaus können mit derartigen Diversifizierungen neue Batterietechnologien früher den Status der Marktreife erreichen.

Die gleiche Überlegung kann für den Energieanteil getroffen werden, der als Puffer für die Klimatisierung des Fahrzeugs zu berücksichtigen ist, da ca. 2/3 der beobachteten Fahrten ohne Einsatz von Klimatisierungseinrichtungen absolviert wurden.

9.1.8 Erwartetes Ladeverhalten

Für ein Fahrzeug mit bedarfsgerechter Auslegung der Reichweite in kommerzieller Nutzung kann von täglichem Aufladen zum Ende des Arbeitstages ausgegangen werden. Wie bereits in [PFR14b] gezeigt wurde, beträgt der zeitliche Abstand zwischen zwei Ladevorgängen schon im Rahmen der beobachteten Flotte in mehr als der Hälfte der Fälle weniger als einen Tag. Und das obwohl auf

Grund der nur gering ausgenutzten Reichweite keine direkte Notwendigkeit für so häufiges Nachladen besteht. Viele Firmen haben die pragmatische Strategie implementiert, das Fahrzeug zum Ende der Nutzung beim Abstellen auf dem Firmenparkplatz wieder mit dem Stromnetz zu verbinden. Da jedoch die untertägige Nutzung aus einer Kette von Fahrten fernab des nächtlichen Stellplatzes aufgebaut sein kann, ist konservativ nur von einer Nachladung am Abend auszugehen. Selbst die bedarfsgerechte Fahrzeugauslegung wird zum Ende des Tages in den meisten Fällen noch Restladung in der Batterie haben, sodass das Fahrzeug in den Abendstunden zunächst als Energiequelle das Stromnetz stützen könnte, um dann nachts vollständig geladen zu werden. In der Hälfte der Fälle wird das Fahrzeug abends noch eine Restladung von mind. ¾ seiner Batteriekapazität haben und daher nur geringe Ladehübe benötigen.

9.2 Abschätzung des Kundennutzens

Das Ziel einer bedarfsgerechten Auslegung kann es nicht sein, nach den Extremfällen der Nutzung gestaltet zu werden, da sich bei Orientierung an unteren Extremen kein ausreichender Nutzwert einstellen würde und im Fall der oberen Extreme keine Ressourcenvorteile zu erwarten sind. Es muss ein sinnvoller Kompromiss gefunden werden, sodass die Auslegung in der Gesamtbetrachtung vorteilhaft ist. Im Falle des kommerziellen Fahrzeugeinsatzes kann üblicherweise vom Vorhandensein von mehr als einem Fahrzeug ausgegangen werden. Daher gilt es, durch eine intelligente Fuhrparkgestaltung dessen Gesamteffizienz zu steigern. Je größer der Anteil der Nahbereichsmobilität ist, desto höher sollte auch der Anteil von hierfür optimierten Elektrofahrzeugen ausfallen. Für Fernverkehrsereignisse können weiterhin konventionelle Fahrzeuge vorgehalten werden oder auf alternative Transportmittel oder Car-Sharing Konzepte zurückgegriffen werden.

9.2.1 Kommerzielle Fahrzeugnutzung

Mit den ca. vier Millionen gewerblich zugelassenen PKW wird in Deutschland im Wirtschaftsverkehr jährlich eine Strecke von ca. 54 Milliarden Kilometern zurückgelegt [WER12b]. Darüber hinaus werden die Fahrzeuge noch für eine Strecke von ca. 30 Milliarden Kilometer zu privaten Fahrten eingesetzt [WER12b]. Dabei werden im Durchschnitt 72,2 km pro Tag und gewerblichem PKW zurückgelegt [WER12b], wobei auch dieser Durchschnitt auf einer rechtsschiefen Verteilung beruht und durch relativ wenige große Merkmalsausprägungen nach oben verzerrt ist. Darunter fallen beispielsweise die Fahrzeuge von Vertretern oder Kundendienstfahrzeuge, die weite Einzugsgebiete abdecken müssen. In [WER12a] wurde gezeigt, dass ca. 60 % der Kraftfahrzeuge lediglich in der Stadt des Fahrzeugstandorts oder in einem Umkreis bis 50 km eingesetzt werden. Tatsächlich bleiben PKWs in gewerblichen Fuhrparks zu 80 % unter einer Tagesfahrtweite von 80 km [HAC12], die hier als Auslegungsreichweite angesetzt wurde. Diese Zahlen zeigen, dass der Wirtschaftsverkehr mit PKW einerseits einen bedeutenden Anteil am Transportsektor ausmacht und es großes Potential für eine bedarfsgerechte Fahrzeugauslegung gibt, wie sie in Kapitel 9.1 präsentiert wurde. Insbesondere im Bereich von Behörden, regionalen Verwaltungen und lokalen Dienstleistern könnte der überwiegende Teil der Dienstfahrzeuge so ersetzt werden. Darüber hinaus ist eine Differenzierung nach Fahrzeugsegmenten in dieser Betrachtung sinnvoll. Für weitere Autofahrten im gewerblichen Umfeld werden ohnehin im Normalfall Fahrzeuge der Mittel- und Oberklasse gewählt, da diese einen größeren Reisekomfort versprechen und mehr Stauraum bieten. Ein Paradebeispiel hierfür ist der VW Passat, der zu 90 % an gewerbliche Kunden neuzugelassen wird [ECK14].

Im Rahmen des Projektes REM2030 [FRA15] wurden 522 gewerbliche Fahrprofile erfasst, wobei eine mittlere Aufzeichnungsdauer von ca. 3 Wochen je Fahrzeug erzielt wurde. Betrachtet man nun nur die Fahrprofile der Fahrzeuge der Klassen „Klein“ und „Mittel“, was alle Fahrzeuge bis maximal 2 Liter Hubraum umfasst, so überschreiten mehr als ¼ der Fahrzeuge die Auslegungsreichweite von 80 km mit ihrer Tagesfahrtweite kein einziges Mal. Fordert man nur eine Abdeckung von 90 % der mobilen Tage, so erhöht sich der der Anteil der Fahrzeuge auf ca. 40 %, bei nur 80 % Abdeckung gar auf 56 %. Es kann also davon ausgegangen werden, dass bei kleineren und mittleren Fahrzeugen ein Anteil von mindestens 25 % durch ein Fahrzeug mit einer Reichweite von 80 km substituiert werden könnte. Bei geeigneter Fuhrparkzusammensetzung und Verfügbarkeit von Alternativen im Bedarfsfall oder der Möglichkeit des untertägigen Nachladens könnte der Anteil auf über 50 % gesteigert werden.

9.2.2 Private Fahrzeugnutzung

Nationale Mobilitätsuntersuchungen der wichtigen Fahrzeugmärkte in Europa zeigen, dass auch mit konventionellen Fahrzeugen sehr häufig eher kurze Strecken gefahren werden. In Deutschland beträgt die durchschnittliche Wegelänge 11,5 km und der Durchschnitt der Wege als Fahrer im motorisierten Individualverkehr liegt bei 14,7 km. Ca. 66 % der Wege als Fahrer sind hier kürzer als 10 km. Insgesamt legen mobile Personen am Tag im Mittel 3,8 Wege zurück mit einer mittleren Gesamtdistanz von 39,1 km [FOL10a]. In einer repräsentativen Studie mit 1434 Personen haben in [BOZ13] 59,1 % der Befragten angegeben, an einem üblichen Tag unter 50 km zu fahren und weitere 21,7 % 100 km als maximale übliche Tagesfahrtweite genannt.

Auch in anderen europäischen Ländern ergibt sich ein ähnliches Bild. So beträgt die durchschnittliche Wegelänge in England 11,4 km und zwei Drittel aller Wege sind kürzer als 8 km [MEL14]. Auch in Frankreich liegt die durchschnittliche Wegelänge an einem Arbeitstag auf einem ähnlichen Niveau mit 8 km über alle Verkehrsmittel und ca. 10 km für Wege mit dem Auto [MIN08].

Die durchschnittliche Tagesfahrtweite mit dem Auto liegt hier bei ca. 30 km [HUB10]. Darüber hinaus haben 47,6 % der Franzosen angegeben, im Zeitraum eines Jahres gar keine Reisen mit über 80 km Länge absolviert zu haben [ARM10].

Auch die Zahlen von Eurostat [DE 07], die aus nationalen Mobilitätsstudien extrahiert wurden, belegen, dass üblicherweise mit dem Auto Tagesfahrtweiten unter 45 km absolviert werden, da der höchste Mittelwert der persönlichen Tagesfahrtweite mit dem Auto in den ausgewerteten 15 europäischen Länder bei 44,1 km lag. Unter der Annahme rechtsschiefer Verteilungen bedeutet dies, dass die Mehrzahl der Tagesfahrtweiten unter dieser Grenze liegt.

In [FRA13] wurde zudem in einer Befragung unter Elektrofahrzeugnutzern im Rahmen eines Flottenversuchs in Berlin festgestellt, dass für ca. 40 % der Befragten eine Mindestreichweite von 100 km ausreichend wäre. Demgegenüber steht eine maximale Tagesfahrtweite in der beobachteten Woche von ca. 70 km für die unteren 40 %. Auch hier zeigt sich wieder, dass Kunden tendenziell den Wunsch nach mehr Reichweite verbalisieren, als es in der Analyse ihrer tatsächlichen Nutzung begründet liegt. Befragungen [FRA14] haben gezeigt, dass Elektrofahrzeugnutzer bisher üblicherweise komfortabel 75 – 80 % der maximalen Reichweite ausnutzen. Daher ist eine präzise Reichweitenprädiktion unabdingbar, um das Vertrauen in das Fahrzeug zu erhöhen und die sorgenfreie Ausnutzung der Batteriekapazität zu verbessern.

Eine Befragung von über 3000 Nutzern von Elektrofahrzeugen [FRE15] hat ergeben, dass die Fahrzeuge ähnlich wie konventionelle Fahrzeuge werktäglich im Schnitt 43 km zurücklegen. Für Wochenend- oder Urlaubsfahrten werden sie auf Grund der Reichweitenbeschränkung üblicherweise nicht eingesetzt, da in 84 % der Haushalte noch ein anderer PKW vorhanden ist. Geladen wird üblicherweise täglich am Wohnort. Hauptmotivatoren zum Kauf sind das Interesse an der innovativen Technologie und Reduktion von Umweltbelastungen. Eine Mehrheit von 69 % der privaten Nutzer wünscht sich zwar mehr Reichweite, wäre dafür bei einem angenommenen Durchschnittsverbrauch von 16,9 kWh/100 km [TEN11] nur zu einem Aufpreis von 107 € je kWh bereit, was mit heutigen Batterien am Markt noch nicht realisiert werden kann.

Diese Zahlungsbereitschaft für Reichweite lässt jedoch auch den Schluss zu, dass ein Kurzstreckenfahrzeug in Summe attraktiver bewertet werden könnte als heute verfügbare Konfigurationen, da durch die Restriktion der Reichweite der Kaufpreis deutlich stärker reduziert werden kann, als Nutzer für mehr Reichweite zahlen würden.

In Deutschland haben 1/3 der Zweipersonenhaushalte, die mind. 1 Auto besitzen, auch mehrere Autos. Für Haushalte mit mehr als 2 Personen erhöht sich der Anteil mit mehreren Autos auf über 60 % [FOL10a]. In Kombination mit der Erkenntnis, dass in hybriden Haushalten die Reichweitenrestriktion eines Fahrzeugs üblicherweise kein Kaufhindernis darstellt [KUR96], zeigt dies, dass der überwiegende Teil der Mehrpersonenhaushalte in Deutschland bei angemessenem Kaufpreis für ein bedarfsgerecht ausgelegtes Elektrofahrzeug in Frage kommt.

9.2.3 Fazit

Die Auswertung der vorgestellten Mobilitätsstudien zeigt, dass auf den großen europäischen Fahrzeugmärkten eine Nutzung vorherrscht, die größtenteils mit einem nach Kapitel 9.1 definierten Fahrzeug abgedeckt werden kann. Sowohl im privaten als auch im gewerblichen Bereich gibt es einen beachtlichen Anteil Fahrzeuge, die ohne verfügbare Alternativen vollständig mit einem so definierten Elektrofahrzeug ersetzt werden können.

Das Marktpotential wird darüber hinaus durch das Zusammenspiel in Flotten deutlich erweitert. Sobald für die eher seltenen

Fernverkehrsereignisse Alternativen verfügbar sind, kann die Mehrheit der Fahrzeuge in beiden Domänen substituiert werden. Alternativen können in diesem Kontext sowohl konventionelle Fahrzeuge der Firmenflotte, des hybriden Haushalts oder auch Car-Sharing-Fahrzeuge sein.

10 Zusammenfassung und Ausblick

10.1 Zusammenfassung

Der motorisierte Individualverkehr steht vor großen Herausforderungen und Veränderungen. Getrieben von Klimawandel, CO_2-Diskussion und dem Wunsch nach mehr Nachhaltigkeit, werden große Anstrengungen unternommen, um die Emissionen von PKWs zu senken, da der Straßenverkehr einer der Sektoren mit dem größten CO_2-Ausstoß ist.

Elektrische Antriebe sind eine effektive Lösung, um die Effizienz und die CO_2-Bilanz von PKWs im Betrieb deutlich zu verbessern. Problematisch ist hierbei allerdings, dass die Batterietechnologie nach aktuellem Stand der Technik noch keine ausreichende Energiedichte bietet, um in einem üblichen Package auch ähnliche Reichweiten wie bei einem Verbrenner zu realisieren. Gleichzeitig ist der Speicher auch verhältnismäßig teuer, sodass am Markt verfügbare Konzepte vergleichbaren Verbrennern aus Reichweiten- und Kostensicht unterlegen sind. Der Absatz von Elektrofahrzeugen bleibt daher bisher weit hinter den Erwartungen von Politik und Wirtschaft zurück mit einem Anteil von nur 0,28 % in der amtlichen deutschen Neuzulassungsstatistik [KRA15a].

Insbesondere im Fall der gewerblichen Nutzung ist der Kostennachteil derzeit das größte Kaufhemmnis. Hier muss ein Fahrzeug primär seinen Transportzweck erfüllen und wird als Investitionsgut nach den Total Cost of Ownership bewerten. Durch den Einsatz auf planbaren und regelmäßigen Routen oder in einem gemischten Fuhrpark mit Alternativen für Langstrecken hat auch ein Fahrzeug mit begrenzter Reichweite für viele Anwender einen hohen Nutzwert. Allerdings ist kaum eine Mehrpreisbereitschaft für elektrische Antriebe vorhanden.

Aus diesem Grund ist es nötig, Fahrzeuge zu gestalten, die dem Kundenbedarf gerecht werden, gleichzeitig aber auch nicht überdimensioniert sind, um die Kostenziele nicht zu verfehlen. Insbesondere die Reichweite, aber auch die installierte Motorleistung sind hier entscheidende Variablen, die den Preis bestimmen und gleichzeitig bei Unterversorgung ein starkes Akzeptanzhindernis darstellen.

Frühere Mobilitätsstudien können herangezogen werden, um allgemeine Kenntnis über die Basiswerte der Mobilität wie Fahrthäufigkeit je Tag oder Wegelängen zu erlangen. Die Ergebnisse liegen jedoch im Normalfall in hoch aggregierter Form in wenigen statistischen Kennwerten vor. Die Auswahl einer geeigneten Untermenge der Verteilung als Zielgruppe für ein Fahrzeugkonzept ist somit nur bedingt möglich, zumal Verteilungsformen im Regelfall nicht untersucht werden. Die Art und Weise der Nutzung, also geforderte Geschwindigkeitsprofile, Beschleunigungsvermögen oder übliche Betriebspunkte des Antriebs sind in diesen Studien überhaupt nicht verfügbar. Für eine bedarfsgerechte Auslegung eines Fahrzeugs sind sie daher alleine keine geeignete Basis.

Aus diesem Grund wurde die Realnutzung von 80 Elektrofahrzeugen in kommerziellen Flotten über einen jahreszeitenübergreifenden Zeitraum mit Datenloggern in einer Naturalistic Driving Studie erfasst. Hierzu kam auch in einem Teil der Flotte ein selbstentwickeltes Messsystem auf Basis von Smartphones zum Einsatz. In Summe konnten über 125000 Fahrten und zugehörige Ladevorgänge als breite empirische Basis aufgezeichnet werden.

Diese Datenbasis wurde differenziert nach verschiedenen Merkmalen statistisch ausgewertet, wobei Wert darauf gelegt wurde, keine zu hohe Ergebnisaggregation vorzunehmen, sondern auch die zu Grunde liegenden Verteilungsformen herauszuarbeiten. Die untersuchten Mobilitätskennwerte prägen sich nämlich in rechtsschiefen Verteilungen aus mit einer großen Anzahl Merkmalsausprägungen bei kleinen Werten und sinkender Häufigkeit mit zunehmender Merkmalsgröße. Ausreißer zu hohen Werten verzerren die arithmetischen Mittelwerte dabei so sehr, dass diese ein falsches Bild der Daten und somit des Kundenbedarfs suggerieren. Unter Betrachtung der gesamten Verteilung konnten jedoch erstmalig geeignete Grenzen definiert werden, sodass der Kunde in den häufigsten Fällen keine Einschränkung seiner Mobilitätswünsche erfährt, gleichzeitig aber eine sparsamere und günstigere Auslegung getroffen werden kann, als dies heute üblich ist. Darüber hinaus können die dabei erarbeiteten mathematischen Beschreibungen der Mobilitätskenngrößen für Simulationen im Bereich der Mobilitätsforschung und der Energiewirtschaft dienen. Die neuen Erkenntnisse über das Beschleunigungsverhalten sind hierbei zu Teilen auch auf weitere Fahrzeugkategorien übertragbar, da dieses in vielen Fällen maßgeblich durch den umliegenden Verkehr und nicht die Charakteristika des geführten Fahrzeugs geprägt ist.

Die untersuchten Bereiche umfassen hierbei einerseits Basiswerte der Mobilität wie Fahrtlänge, Fahrtdauer, Innerortsanteil, mittlere Geschwindigkeiten sowie die Nutzungszeitpunkte und -häufigkeit. Daneben wurden im Gegensatz zu anderen Studien insbesondere auch Modalwerte der Mobilität untersucht, da diese entscheidend das Fahrerlebnis prägen. Dazu gehören die genauen Ausprägungen der Fahrgeschwindigkeit, das Beschleunigungs- und Verzögerungsverhalten, die erforderliche Antriebskraft und -leistung, die hieraus resultierende Belastung der elektrischen Maschine, sowie energetische Untersuchungen.

Auf dieser Analyse basierend konnte zum ersten Mal eine empirisch begründete Konfiguration für ein Elektrofahrzeug erarbeitet werden, das den Kernanforderungen in kommerziellen Flotten gerecht wird, gleichzeitig aber auf die Abdeckung seltener Extrema der Nutzung verzichtet und so ein Einsparpotential gegenüber heute üblichen Ausprägungen in Bezug auf Rohstoffe und Kosten bietet. Es handelt sich dabei um einen Zweisitzer mit einer Höchstgeschwindigkeit von 110 km/h, einer Dauerleistung von 20 kW und einer Peakleistung von 35 kW. Bis 35 km/h kann das volle Spurtvermögen von 2,5 m/s^2 abgerufen werden, bis 55 km/h sind Zwischenspurts mit einer Längsbeschleunigung von mindestens 1,7 m/s^2 möglich. Je nach Gestaltung der elektrischen Maschine sollte ein zweistufiges Getriebe in Betracht gezogen werden, um die häufigsten Betriebspunkte im Stadtverkehr und im Überlandverkehr im möglichst wirkungsgradoptimalen Bereich des Motors halten zu können. Die Reichweite ist auf 80 km definiert, da damit bereits ca. 95 % aller mobilen Tage ohne untertägiges Nachladen abgedeckt werden können. Wenn organisatorisch regelmäßige Zwischenladungen möglich sind, könnte die Reichweite auf 50 km je Vollladung begrenzt werden, womit bereits 80 % der mobilen Tage auch ohne Zwischenladung abgedeckt werden können.

Die Batterie könnte bei 80 km-Auslegung aus zwei Modulen entsprechend gewählter Zellchemien aufgebaut werden, da ihre Kapazität in ca. ¾ der Fälle höchstens zur Hälfte ausgereizt wird. Somit könnte für die andere Hälfte eine Konfiguration mit höherer Energiedichte zu Lasten der Zyklenfestigkeit gewählt werden, was in Summe eine kompaktere und leichtere Batterie ermöglicht.

Der Vergleich mit weiteren Studien privat und kommerziell genutzter Fahrzeuge zeigt ein großes Marktpotential für eine derartige Auslegung. In beiden Anwendungsdomänen kann ein Großteil der mobilen Tage mit einem Elektrofahrzeug der definierten Spezifikation abgedeckt werden. Für die eher seltenen Fernverkehrsereignisse kann auf Alternativen im Fuhrpark des Unternehmens oder des Haushalts bzw. auf Car-Sharing Lösungen zurückgegriffen werden.

Weiterhin wurde die Datenlage genutzt, um mit dem Fahrsequenzen-Ansatz Fahrzyklen zu generieren, die erstmals empirisch basiert das Realfahrverhalten mit Elektrofahrzeugen abbilden. Diese Zyklen können künftig sowohl für Simulationen als auch für Prüfstandsversuche eingesetzt werden. Mögliche Anwendungen sind hierbei einerseits energetische Untersuchungen von Gesamtfahrzeugen. Andererseits sind sie auch für Komponentenuntersuchungen geeignet, um beispielsweise den Rollwiderstand von Reifen in einem realistischen Fahrprofil oder das Erwärmungsverhalten des Antriebs zu untersuchen. Abschließend können aus den Daten auch Lastprofile abgeleitet werden, die eine Grundlage für die Lebensdauerauslegung von Antriebskomponenten bieten.

10.2 Ausblick

In der Arbeit wurden die Grundcharakteristika einer bedarfsgerechten Fahrzeugspezifikation erarbeitet, die speziell auf die Mobilitätsbedürfnisse der Zielgruppe zugeschnitten ist. Daneben wurde eingehend das Fahrverhalten untersucht und beschrieben und eine Gruppe von Fahrzyklen definiert, um eine Datenbasis für weitere Auslegungen bis zur Komponentenoptimierung zu schaffen. Nun gilt es, an die neuen Erkenntnisse dieser Grundlagenuntersuchung und die Basisdefinition der Leistungsdaten anzuknüpfen. Durch gezielte Variation der möglichen Antriebstopologien und Optimierungsverfahren kann eine Verfeinerung des Fahrzeugkonzepts hin zu einer bestmöglichen Auslegung vorgenommen werden. Dabei ermöglichen die Fahrzyklen eine simulative Abschätzung des Energieverbrauchs der Fahrzeugkonzepte. Zur Weiterentwicklung der Zyklen können Zuschlagsfaktoren für den Komfortenergiebedarf bei verschiedenen klimatischen Bedingungen definiert werden durch den Abgleich mit einer Analyse von Realverbräuchen.

Daneben gilt es zu untersuchen, in wie weit die angenommene Vergleichbarkeit der fahrdynamischen Kennwerte auf andere Fahrzeug- und Nutzergruppen belegt werden kann. Hierzu sollten vergleichbare Studien zur Längsdynamik in konventionellen Fahrzeugen vorgenommen und die Resultate abgeglichen werden. Weiterhin sollte bei Vorhandensein einer ausreichenden Fahrzeugpopulation beispielsweise in Modellstädten die Längsdynamik von Elektrofahrzeugen in einem rein elektrischen Umfeld untersucht werden. Somit kann bestimmt werden, welche Aspekte durch das Zusammenspiel mit konventionellen Fahrzeugen und welche direkt durch den Fahrerwunsch bestimmt sind.

Daneben können die generierten Ergebnisse zum Anfahrverhalten und den Geschwindigkeitsprofilen in Verkehrsplanungen einfließen, um beispielsweise Ampelschaltungen zu optimieren. Dabei kann sowohl die Dauer der Gelbphasen angepasst werden, um sie an üblichen kundengewählten Verzögerungen auszurichten, als auch die Kreuzungsauslegung auf Basis des Anfahrverhaltens angepasst werden. Weiterhin kann die Auswertung des Geschwindigkeitsprofils bei der Synchronisation der Grünphasen von Ampeln entlang einer Straße dienen, um die sog. „Grüne Welle" zu ermöglichen.

Die hier getätigte Untersuchung der Mobilität ermöglicht darüber hinaus eine Abschätzung des dafür benötigten Energieverbrauchs. Somit kann durch eine Einbindung der präsentierten Daten in energiewirtschaftliche Simulationsmodelle die Bedeutung der Elektromobilität mit steigender Fahrzeugzahl im gewerblichen Umfeld für die Elektrizitätsnachfrage in ihrem Umfang und dem zeitlichen Verlauf abgeschätzt werden. Durch Betrachtung der Tagesfahrtweiten und der Einsatzzeiträume ist darüber hinaus das Potential zur Lastverschiebung und bidirektionales Laden berücksichtigbar.

Abschließend kann aus den Ergebnissen die Empfehlung abgeleitet werden, Elektrofahrzeuge generell mit unterschiedlichen Batteriekapazitäten anzubieten, wobei auch eine Differenzierung zu niedrigeren Kapazitäten zur Reduktion der Kosten nötig ist. Eine ähnliche Strategie ist bei Verbrennern ohnehin bereits etabliert, wo standardmäßig verschiedene Leistungsstufen der Motoren für verschiedene Zielgruppen angeboten werden.

11 Literatur

[AND04] ANDRÉ, M. The ARTEMIS European driving cycles for measuring car pollutant emissions [online]. *The Science of the total environment*, 2004, 334-335, 73-84. ISSN 0048-9697. Verfügbar unter: doi:10.1016/j.scitotenv.2004.04.070

[ARA11] ARAL AKTIENGESELLSCHAFT MARKTFORSCHUNG. *Trends beim Autokauf 2011.* Bochum. ARAL AKTIENGESELLSCHAFT, Hg., 2011 [Zugriff am: 26. Februar 2015]. Verfügbar unter: http://www.aral.de/content/dam/aral/Presse%20Assets/pdfs%20Brosch%C3%BCren/aral_studie_trends_beim_autokauf_2011.pdf

[ARM10] ARMOOGUM, J., J.-P. HUBERT und S. ROUX. Plus de voyages, plus de kilomètres quotidiens : une tendance à l'homogénéisation des comportements de mobilité des Français, sauf entre ville et campagne. In: B. TREGOUËT und T. LE JEANNIC, Hg. *La Revue du CGDD. La mobilité des Français.* Panorama issu de l'enquête nationale transports et déplacements 2008, 2010.

[BAE13] BAERT, R. und H.J. KORT. Real world experience with operating electric vehicles in the Netherlands. In: AVERE, Hg. *International Electric Vehicle Symposium 27,* 2013.

[BAR09] BARLOW, T.J., S. LATHAM, I.S. MCCRAE und P.G. BOULTER. *A reference book of driving cycles for use in the measurement of road vehicle emissions. Version 3.* Bracknell: IHS, 2009. Published project report. PPR354. ISBN 9781846088162.

[BAT98] BATTIATO, L., H. WOLFF und W. NOVER. Schaltvorgänge und Anfahrbeschleunigung des Normalfahrers im Innerortsverkehr. *Verkehrsunfall und Fahrzeugtechnik:*

Fachblatt für Kraftfahrzeugsachverständige, 1998, (7/8), 201-212.

[BOZ13] BOZEM, K., A. NAGL, V. RATH und A. HAUBROCK. *Elektromobilität: Kundensicht, Strategien, Geschäftsmodelle. Ergebnisse Der Repräsentativen Marktstudie Future Mobility.* Wiesbaden: Vieweg + Teubner Verlag, 2013. ISBN 978-3-658-02627-1.

[BRA11] BRAESS, H.-H. und U. SEIFFERT. *Vieweg Handbuch Kraftfahrzeugtechnik.* 6., aktualisierte und erw. Aufl. Wiesbaden: Vieweg + Teubner Verlag, 2011. ISBN 978-3-8348-1011-3.

[BUB03] BUBB, H. Wie viele Probanden braucht man für allgemeine Erkenntnisse aus Fahrversuchen. In: K. LANDAU, Hg. *Fahrversuche mit Probanden - Nutzwert und Risiko. Darmstädter Kolloquium Mensch & Fahrzeug, Technische Universität Darmstadt, 3./4. April 2003.* Als Ms. gedr. Düsseldorf: VDI-Verl., 2003, S. 26-39. ISBN 3183557126.

[BÜH11] BÜHLER, F., I. NEUMANN, P. COCRON, T. FRANKE und J.F. KREMS. Usage patterns of electric vehicles: A reliable indicator of acceptance? Findings from a German field study. In: TRANSPORTATION RESEARCH BOARD, Hg. *Proceedings of the 90th Annual Meeting of the Transportation Research Board,* 2011.

[BUN10] BUNDESMINISTERIUM FÜR UMWELT, NATURSCHUTZ UND REAKTORSICHERHEIT (BMU). *Bis 2020 eine Million Elektroautos von deutschen Herstellern. Bundesumweltminister Röttgen setzt Ziele zur Förderung von Elektrofahrzeugen.* Nr. 052/10. Stuttgart, 15. Apr. 2010.

[CAI13] CAI, Y., H. WANG, Q. YE und M. OUYANG. Analysis of Two Typical EV Business Models Based on EV Taxi Demonstrations in China. In: AVERE, Hg. *International Electric Vehicle Symposium 27,* 2013.

[CAL12] CALSTART. *Best fleet uses, key challenges and the early business case for e-trucks:. findings and recommendations of the e-truck task force,* 2012.

[CAR05] CARLSON, C.R. und J.C. GERDES. Consistent nonlinear estimation of longitudinal tire stiffness and effective radius [online]. *IEEE Transactions on Control Systems Technology,* 2005, 13(6), 1010-1020. ISSN 1063-6536. Verfügbar unter: doi:10.1109/TCST.2005.857408

[CAR09] CARROLL, S. *Electric drive vehicle deployment in the UK* [online], 2009. 22 September 2009, 12:00 [Zugriff am: 8. Mai 2013]. Verfügbar unter: http://www.cenex.co.uk/LinkClick.aspx?fileticket=VTnvk0HUiPE=&tabid=119&mid=695

[CAR11] CARROLL, S. *CENEX - The Smart Move Case Studies.* Leicestershire, UK, 2011.

[COV11] COVENTRY UNIVERSITY. *GCI Low Carbon Vehicles: Coventry & Birmingham Low Emissions Demonstrator (CABLED) Project* [online], 2011 [Zugriff am: 27. April 2015]. Verfügbar unter: http://www.coventry.ac.uk/research-bank/grand-challenge-initiatives/low-carbon-vehicles/case-studies/cabled/

[CUL15] CULVER, M. *Norway Leads Global Electric Vehicle Market, IHS Says* [online]. *New IHS Plug-in Electric Vehicle Index identifies market leaders, new opportunities,* 2015.

[DAV89] DAVIS, F.D., R.P. BAGOZZI und P.R. WARSHAW. User Acceptance of Computer Technology: A Comparison of Two Theoretical Models [online]. *Management Science,* 1989, 35(8), 982-1003. ISSN 0025-1909. Verfügbar unter: doi:10.1287/mnsc.35.8.982

[DE 07] DE LA FUENTE LAYOS, LUIS ANTONIO. Mobilität im Personenverkehr in Europa. Die Euroäer verbringen die meiste Fahrzeit im Auto. *Statistik kurz gefasst - Verkehr,* 2007, (87/2007).

[DEM07] DEML, B., FREYER, J. und B. FÄRBER. Ein Beitrag zur Prädiktion des Fahrstils. In: *Fahrer im 21. Jahrhundert. Human machine interface.* Düsseldorf: VDI Verlag, 2007, S. 47-59. ISBN 9783180920153.

[DES13] DESLOGIS, R. *Implementierung einer Methode zur Auswertung von Beschleunigungswerten von Elektrofahrzeugen im Flottenversuch.* Diplomarbeit. Betreuer: Gauterin, Frank; Pfriem, Matthias. Karlsruhe, 31. Jan. 2013.

[DIN94] 70000, *Straßenfahrzeuge Fahrzeugdynamik und Fahrverhalten Begriffe.*

[DUB12] DUBOIS, L.-A. *Implementierung einer Methode zur Bewegungsanalyse von Elektrofahrzeugen im Flottenversuch an Hand des GPS-Signals.* Diplomarbeit. Betreuer: Gauterin, Frank; Pfriem, Matthias. Karlsruhe, 24. Mai. 2012.

[DUD15] DUDEN. *modal* [online], 2015. 5 März 2015, 12:00 [Zugriff am: 5. März 2015]. Verfügbar unter: http://www.duden.de/rechtschreibung/modal

[DÜT12] DÜTSCHKE, E., U. SCHNEIDER, A. SAUER, M. WIETSCHEL, J. HOFMANN und S. DOMKE. *Roadmap zur Kundenakzeptanz. Zentrale Ergebnisse der sozialwissenschaftlichen Begleitforschung in den Modellregionen.* BUNDESMINISTERIUM FÜR VERKEHR, BAU UND STADTENTWICKLUNG, Hg., Januar 2012.

[ECK14] ECKL-DORNA, W. *Die Lieblingsautos der Deutschen: VW Passat: Dienstwagen-König bleibt auf Kurs - manager magazin* [online], 2014. 13 November 2014, 12:00 [Zugriff am: 21. Mai 2015]. Verfügbar unter: http://www.manager-magazin.de/unternehmen/autoindustrie/neuzulassungen-oktober-2014-c-klasse-und-opel-corsa-weit-vorne-a-1002358-3.html

[ECO13] ECOTALITY INC. *The EV Project* [online], 2013 [Zugriff am: 27. April 2015]. Verfügbar unter: http://www.theevproject.com/

[EGH14] EGHTESSAD, M. *Optimale Antriebsstrangkonfigurationen für Elektrofahrzeuge.* Dissertation. Betreuer: Küçükay, F. Braunschweig, 13. Mrz. 2014.

[EMB97] EMBRECHTS, P., C. KLÜPPELBERG und T. MIKOSCH. *Modelling extremal events for insurance and finance.* New York: Springer, 1997. Applications of mathematics. 33. ISBN 9783642082429.

[FEI11] FEIL, M. und L. RÜTTINGER. *Rohstoffkonflikte nachhaltig vermeiden. Risikoreiche Zukunftsrohstoffe? Fallstudie und Szenarien zu Lithium in Bolivien.* Dessau-Roßlau, April 2011.

[FES08] FESTA. *FESTA Handbook. Version 2.* FIELD OPERATIONAL TEST SUPPORT ACTION, Hg., 19. Aug. 2008. Verfügbar unter: http://www.its.leeds.ac.uk/festa/

[FES85] FESTINGER, L. *A theory of cognitive dissonance.* Stanford: Stanford Univ. Press, 1985. ISBN 9780804709118.

[FIS75] FISHBEIN, M. und I. AJZEN. *Belief, attitude, intention, and behavior. An introduction to theory and research.* Reading, Mass.: Addison-Wesley Pub. Co., 1975. Addison-Wesley series in social psychology. ISBN 978-0201020892.

[FOL10a] FOLLMER, R., D. GRUSCHWITZ, B. JESSKE, S. QUANDT, C. NOBIS und K. KÖHLER. *Mobilität in Deutschland 2008. Tabellenband.* Bonn und Berlin, 2010.

[FOL10b] FOLLMER, R., D. GRUSCHWITZ, B. JESSKE, S. QUANDT, B. LENZ, C. NOBIS, K. KÖHLER und K. MEHLIN. *Mobilität in Deutschland 2008 Ergebnisbericht. Struktur - Aufkommen - Emissionen - Trends.* Bonn und Berlin, Februar 2010.

[FRA13] FRANKE, T. und J.F. KREMS. What drives range preferences in electric vehicle users? [online]. *Transport Policy,* 2013, 30, 56-62. ISSN 0967070X. Verfügbar unter: doi:10.1016/j.tranpol.2013.07.005

[FRA14] FRANKE, T. *Nachhaltige Mobilität mit begrenzten Ressourcen: Erleben und Verhalten im Umgang mit der Reichweite von Elektrofahrzeugen [Sustainable mobility with limited resources: Experience and behavior in dealing with electric vehicle range].* Dissertation. Betreuer: Krems, Josef F., 12. Feb. 2014.

[FRA15] FRAUNHOFER-INSTITUT FÜR SYSTEM- UND INNOVATIONSFORSCHUNG. *regional eco mobility 2030 (REM 2030)* [online]. *Systemkonzepte für die urbane Mobilität von morgen,* 2015 [Zugriff am: 14. April 2015]. Verfügbar unter: http://www.rem2030.de/

[FRE15] FRENZEL, I., J. JARASS, S. TROMMER und B. LENZ. *Erstnutzer von Elektrofahrzeugen in Deutschland. Nutzerprofile, Anschaffung, Fahrzeugnutzung.* Berlin. DEUTSCHES ZENTRUM FÜR LUFT- UND RAUMFAHRT E. V., Hg., Mai 2015.

[GAG10] GAGNOL, P. *Mobilité électrique: les expérimentations de véhicules électriques et des infrastructures de charge en cours.* Clamart, 18. Jun. 2010. Printemps de la Recherche.

[GEN13] GENNARO, M. de, E. PAFFUMI, H. SCHOLZ und G. MARTINI. Analysis and assessment of the electrification of urban road transport based on real-life mobility data. In: AVERE, Hg. *International Electric Vehicle Symposium 27,* 2013.

[GER12] GERINGER, B. und W.K. TOBER. *Batterieelektrische Fahrzeuge in der Praxis. Kosten, Reichweite, Umwelt, Komfort.* Wien. ÖSTERREICHISCHER VEREIN FÜR KRAFTFAHRZEUGTECHNIK, Hg., Juni 2012.

[GLO13] GLOBISCH, J., E. DÜTSCHKE und R. SCHMITZ. *Ergebnisse aus den Projekten mit gewerblichen Nutzern von Elektrofahrzeugen im Rahmen des BMVBS-Vorhabens „Modellregionen für Elektromobilität 2009—2011". Anwendersicht auf Elektromobilität in gewerblichen Flotten.*

BUNDESMINISTERIUM FÜR VERKEHR, BAU UND STADTENTWICKLUNG, Hg., 2013.

[GRA13] GRABMEIER, J. und S. HAGL. *Statistik. Grundwissen und Formeln.* 2. Auflage. München: Haufe Verlag, 2013. ISBN 3648035509.

[GRA15] GRAF, R., D. WEHNER, M. HELD, S. ECKERT, M. FALTENBACHER, S. WEIDNER und O. BRAUNE. *Bewertung der Praxistauglichkeit und Umweltwirkungen von Elektrofahrzeugen – Zwischenbericht.* Korrigierte Version. Berlin, 2015.

[GRE01] GREITEMEYER, T., E. JONAS und D. FREY. Einführung des Euro: Akzeptanz oder Reaktanz bei den betroffenen Bürgern? [online]. *Zeitschrift für Sozialpsychologie,* 2001, 32(3), 201-211. ISSN 0044-3514. Verfügbar unter: doi:10.1024//0044-3514.32.3.201

[GRE13] GREINER, M., H.-J. UNRAU, M. PFRIEM und F. GAUTERIN. Bewertung des Rollwiderstands auf Basis transienter Rollwiderstandsverläufe im Hinblick auf elektromobilitätstypische Fahrprofile. In: VDI, Hg. *Reifen-Fahrwerk-Fahrbahn 2013. 14. Internationale VDI-Tagung.* Düsseldorf: VDI-Verl., 2013, S. 305-318. ISBN 978-3-18-092211-9.

[HAC12] HACKER, F., R. HARTHAN, H. HERMANN, P. KASTEN, C. LORECK, D. SEEBACH, C. TIMPE und W. ZIMMER. *Betrachtung der Umweltentlastungspotenziale durch den verstärkten Einsatz von kleinen, batterieelektrischen Fahrzeugen im Rahmen des Projekts „E-Mobility".* Schlussbericht im Rahmen der Förderung der Modellregionen Elektromobilität des Bundesministeriums für Verkehr, Bau- und Wohnungswesen. Berlin, 12. Jan. 2012 [Zugriff am: 18. Juni 2013]. Verfügbar unter: http://www.oeko.de/oekodoc/1344/2011-007-de.pdf

[HAH67] HAHN, G.J. und S.S. SHAPIRO. *Statistical models in engineering.* New York: Wiley, 1967. Wiley series on systems engineering and analysis. ISBN 0471339156.

[HAK15] HAKEN, K.-L. *Grundlagen der Kraftfahrzeugtechnik.* 4., aktualisierte Auflage. München: Hanser Fachbuchverlag, 2015. Fahrzeugtechnik. ISBN 9783446442160.

[HAL93] HALLEY, E. An Estimate of the Degrees of the Mortality of Mankind, drawn from curious Tables of the Births and Funerals at the City of Breslaw; with an Attempt to ascertain the Price of Annuities upon Lives. *Philosophical Transactions,* 1693, 17(192-206), 596-610.

[HEI13] HEISSING, B., M. ERSOY und S. GIES. *Fahrwerkhandbuch. Grundlagen, Fahrdynamik, Komponenten, Systeme, Mechatronik, Perspektiven.* 4., überarbeitete und ergänzte Auflage, 2013. ATZ/MTZ-Fachbuch. ISBN 978-3-658-01992-1.

[HOR02] HORST, M. und SCHÄFER, U., SCHMIDT, R. Ermittlung von statistisch abgesicherten Kunden-Lastkollektiven für PKW. In: DEUTSCHER VERBAND FÜR MATERIALFORSCHUNG UND -PRÜFUNG E.V., Hg. *Fahrwerke und Betriebsfestigkeit.* Berlin, 2002, S. 81-91.

[HUB10] HUBERT, J.-P. L'allongement des déplacements quotidiens contribue à l'émergence d'espaces urbains multipolaires, tandis que la mobilité baisse au centre des grandes agglomérations. In: B. TREGOUËT und T. LE JEANNIC, Hg. *La Revue du CGDD. La mobilité des Français.* Panorama issu de l'enquête nationale transports et déplacements 2008, 2010.

[HÜB13] HÜBNER, Y., P. BLYTHE, M. NEAIMEH, J. AUSTIN, L. GRAY, C. HERRON und J. WARDLE. 49,999 Electric car journeys and counting. In: AVERE, Hg. *International Electric Vehicle Symposium 27,* 2013.

[HUN07] HUNG, W.T., H.Y. TONG, C.P. LEE, K. HA und L.Y. PAO. Development of a practical driving cycle construction methodology: A case study in Hong Kong [online]. *Transportation Research Part D: Transport and Environment,* 2007, 12(2), 115-128. ISSN 1361-9209. Verfügbar unter: doi:10.1016/j.trd.2007.01.002

[IFV15] IFV - KIT. *Deutsches Mobilitätspanel* [online], 2015 [Zugriff am: 14. April 2015]. Verfügbar unter: http://mobilitaetspanel.ifv.kit.edu/

[INF15] INFAS, DLR und DIW BERLIN. *Mobilität in Deutschland Projekthomepage* [online], 2015 [Zugriff am: 14. April 2015]. Verfügbar unter: http://www.mobilitaet-in-deutschland.de/

[IPC14] IPCC CORE WRITING TEAM. *Climate Change 2014 Synthesis Report. Contribution of Working Groups I, II and II to the Fifth Assessment Report of the Intergovernmental Panel on Climate Change.* Genf, Schweiz. PACHUARI, R.K. und L.A. MEYER, Hg., 2014.

[IVA14] IVANOV, I. *Analyse der auftretenden Antriebskräfte- und Momente im Flottenversuch zur Charakterisierung der Fahrdynamik.* Diplomarbeit. Betreuer: Gauterin, Frank; Pfriem, Matthias. Karlsruhe, 2014.

[IVA15] IVANOV, M. *Erstellung eines Kundenfahrzyklus auf Basis von Daten aus einem Flottenversuch mit Elektrofahrzeugen.* Diplomarbeit. Betreuer: Gauterin, Frank; Pfriem, Matthias. Karlsruhe, 2015.

[JOH11] JOHNSON, D.A. und M.M. TRIVEDI. Driving Style Recognition Using a Smartphone As a Sensor Platform. In: IEEE, Hg. *14th International IEEE Conference on Intelligent Transportation Systems,* 2011, S. 1609-1615.

[KAM09] KAMBLE, S.H., T.V. MATHEW und G.K. SHARMA. Development of real-world driving cycle: Case study of Pune, India [online]. *Transportation Research Part D: Transport and Environment,* 2009, 14(2), 132-140. ISSN 1361-9209. Verfügbar unter: doi:10.1016/j.trd.2008.11.008

[KAN84] KANO, N., N. SERAKU, F. TAKASHI und S.-i. TSUJI. Attractive quality and Must-be Quality. *The Journal for Japanese Society for Quality Control,* 1984, 14(2), 39-48.

[KAP06] KAPLAN, E.D. und C. HEGARTY. *Understanding GPS. Principles and Applications.* 2nd ed. Boston: Artech House, 2006. Artech House mobile communications series. ISBN 1-58053-894-0.

[KAR13] KARLSSON, S. und L.-H. KULLINGSJÖ. GPS measurement of Swedish car movements for assessment of possible electrification. In: AVERE, Hg. *International Electric Vehicle Symposium 27,* 2013.

[KEN78] KENT, J.H., G.H. ALLEN und G. RULE. A driving cycle for Sydney [online]. *Transportation Research,* 1978, 12(3), 147-152. ISSN 00411647. Verfügbar unter: doi:10.1016/0041-1647(78)90117-X

[KIE07] KIENINGER, M., S. WEILAND und H. HANSELKA. Usage Monitoring - Ermittlung von Kundennutzungsprofilen und Betriebslasten im Kundeneinsatz. Verbesserte Auslegung von Fahrrädern. *MP Materials Testing,* 2007, (1-2), 22-24.

[KLA10] KLAIß, T., F. FRITZSCHE und K. GABLER. Mini E - Alltagsauto oder Nischenprodukt? In: *Innovative Fahrzeugantriebe 2010. Die Vielfalt der Mobilität: vom Verbrenner bis zum E-Motor.* Düsseldorf: VDI Verlag, 2010, S. 203-214. ISBN 978-3-18-092105-1.

[KOT00] KOTZ, S. und S. NADARAJAH. *Extreme value distributions. Theory and applications.* London: Imperial College Press; Distributed by World Scientific, 2000. ISBN 9781860942242.

[KRA15a] KRAFTFAHRT-BUNDESAMT. *Jahresbilanz der Neuzulassungen 2014* [online], 2015. Verfügbar unter: http://www.kba.de/DE/Statistik/Fahrzeuge/Neuzulassungen/2014_n_jahresbilanz.html?nn=644522

[KRA15b] KRAFTFAHRT-BUNDESAMT. *Fahrzeugalter - Zeitreihe 2004 bis 2013* [online], 2015. 18 April 2013, 12:00 [Zugriff am: 25. Juni 2013]. Verfügbar unter: http://www.kba.de/nn_191188/DE/Statistik/Fahrzeuge/Bestand/Fahrzeugalter/b_alter_kfz_z.html

[KUH11] KUHNIMHOF, T., I. FEIGE, F. HANSEN, J. LAST, W. MANZ, D. ZUMKELLER, B. CHLOND, T. STREIT und M. WIRTZ. *Mobilität junger Menschen im Wandel – multimodaler und weiblicher.* München. INSTITUT FÜR MOBILITÄTSFORSCHUNG, Hg., 2011.

[KUR96] KURANI, K.S., T. TURRENTINE und D. SPERLING. Testing electric vehicle demand in 'hybrid households' using a reflexive survey [online]. *Transportation Research Part D: Transport and Environment,* 1996, 1(2), 131-150. ISSN 1361-9209. Verfügbar unter: doi:10.1016/S1361-9209(96)00007-7

[LAR03] LARMINIE, J. und J. LOWRY. *Electric vehicle technology explained.* West Sussex, England: John Wiley & Sons Ltd, 2003. ISBN 9780470090701.

[LES13] LESEMANN, M., S. FASSBENDER und J. STEIN. Kundenanforderungen an Elektrofahrzeuge [online]. *ATZ,* 2013, 115(11), 868-873. Verfügbar unter: http://download.springer.com/static/pdf/522/art%253A10.1007%252Fs35148-013-0302-1.pdf?originUrl=http%3A%2F%2Flink.springer.com%2Farticle%2F10.1007%2Fs35148-013-0302-1&token2=exp=1461847096~acl=%2Fstatic%2Fpdf%2F522%2Fart%25253A10.1007%25252Fs35148-013-0302-1.pdf%3ForiginUrl%3Dhttp%253A%252F%252Flink.springer.com%252Farticle%252F10.1007%252Fs35148-013-0302-1*~hmac=b3b58de1b9269ab2cdde25dd3c43d72ded3513aa6ab 3f8bf1fcbb0d75a09b6ce

[MAD78] MADDEN, H.H. Comments on the Savitzky-Golay convolution method for least-squares-fit smoothing and differentiation of digital data [online]. *Analytical Chemistry,* 1978, 50(9), 1383-1386. ISSN 0003-2700. Verfügbar unter: doi:10.1021/ac50031a048

[MAT13] MATZ, S., S. FUCHS und M. LIENKAMP. Nutzerorientierte Fahrzeugkonzeptoptimierung mit Hilfe eines vollparametrischen Gewichtsmodells. In: H. TSCHÖKE, J. KRAHL, A. MUNACK und L. ECKSTEIN, Hg. *Innovative Automobiltechnik IV: zukunftsweisende Arbeiten von Nachwuchsforschern in der Industrie und an Universitäten ; [Tagungsband des vierten Wissenschaftssymposiums Automobiltechnik (WISAU)].* Göttingen: Cuvillier, 2013, S. 1-12. ISBN 3954044064.

[MEL13] MELLORS, D. *Future in Focus. Digitales Deutschland 2013.* Erkenntnisse aus 2012 und was diese für das kommende Jahr bedeuten. COMSCORE INC, Hg., März 2013.

[MEL14] MELBOURNE, L. *National Travel Survey England 2013,* 2014.

[MER11] MERCEDES-BENZ. *A-Klasse E-Cell Produktinformation,* 3. Feb. 2011 [Zugriff am: 24. Juni 2013]. Verfügbar unter: http://www.mpgruppe.de/upload/News/Kongress_Mnchen/A_Klasse_E-CELL.pdf

[MIN08] MINISTÈRE DE L'ÉCOLOGIE, DU DÉVELOPPEMENT DURABLE ET DE L'ÉNERGIE. *enquête nationale transports et déplacements - ENTD,* 2008.

[MIN10] MINISTÈRE DE L'ÉCOLOGIE, DU DÉVELOPPEMENT DURABLE ET DE L'ÉNERGIE. *Enquête nationale transports et déplacements (ENTD) 2008* [online], 2010 [Zugriff am: 14. April 2015]. Verfügbar unter: http://www.statistiques.developpement-durable.gouv.fr/sources-methodes/enquete-nomenclature/1543/139/enquete-nationale-transports-deplacements-entd-2008.html

[MOC12] MOCK, P., J. GERMAN, A. BANDIVADEKAR und I. RIERMERSMA. *Discrepancies between typeapproval and "real-world" fuelconsumption and CO2 values. Working paper 2012–02.* Washington, Berlin, San Francisco. INTERNATIONAL COUNCIL ON CLEAN TRANSPORTATION, Hg., April 2012.

[MÜL86] MÜLLER-BÖLING, D. und M. MÜLLER. *Akzeptanzfaktoren der Bürokommunikation.* München: R. Oldenbourg, 1986. Fachberichte und Referate. Bd. 17. ISBN 3-486-20044-5.

[NAT06] NATIONAL HIGHWAY TRAFFIC SAFETY ADMINISTRATION. *100-Car Naturalistic Driving Study* [online], 2006 [Zugriff am: 27. April 2015]. Verfügbar unter: http://www.nhtsa.gov/About+NHTSA/Press+Releases/2006/100-Car+Naturalistic+Driving+Study

[NEA09] NEALE, V.L., T.A. DINGUS und S.G. KLAUER. Naturalistic Data Collection: The Tool to Fulfill a Multi-Linear Events Sequence Approach. In: R. BRUDER und H. WINNER, Hg. *Wie realitätsnah lässt sich Fahrverhalten messen? Neue Methoden und Werkzeuge ; Darmstädter Kolloquium Mensch & Fahrzeug, Technische Universität Darmstadt, 18./19. März 2009.* Stuttgart: Ergonomia-Verl., 2009, S. 81-93. ISBN 9783935089142.

[NEU06] NEUDORFER, H., A. BINDER und N. WICKER. Analyse von unterschiedlichen Fahrzyklen für den Einsatz von Elektrofahrzeugen [online]. *e & i Elektrotechnik und Informationstechnik,* 2006, 123(7-8), 352-360. ISSN 0932-383X. Verfügbar unter: doi:10.1007/s00502-006-0363-x

[NIE14] NIES, B.J. *Nutzungsgerechte Dimensionierung des elektrischen Antriebssystems für Plug-In Hybride.* Dissertation. Betreuer: Lindemann, Udo. München, August 2014.

[NOW15] NOW GMBH. *NOW Jahresbericht 2014.* Berlin. BUNDESMINISTERIUM FÜR VERKEHR UND DIGITALE INFRASTRUKTUR, Hg., 2015.

[PAE12] PAETZ, A.-G., M. PFRIEM, P. JOCHEN, W. FICHTNER und F. GAUTERIN. Smart Charging - Results from an On-Road Test with Electric Scooters. In: CA' FOSCARI UNIVERSITY OF VENICE, Hg. *Energy challenge and environmental sustainability,* 2012.

[PAE13] PAETZ, A.-G., T. KASCHUB, M. PFRIEM, P. JOCHEM, W. FICHTNER und F. GAUTERIN. *Is Electric Mobility a Means for more Sustainability? Observations on the Mobility and Charging Behavior from an On-Road Test with Electric Scooters.* Sacramento, USA, 18. Nov. 2013. The 2013 Behavior, Energy and Climate Change Conference.

[PAR10] PARTZ, W. *TÜV Rheinland-Studie: Deutsche warten auf Elektro-Golf - Breite Akzeptanz für Elektroautos in Deutschland.* München/ Köln. TÜV RHEINLAND, Hg., 19. Okt. 2010.

[PEA11] PEARRE, N.S., W. KEMPTON, R.L. GUENSLER und V.V. ELANGO. Electric vehicles: How much range is required for a day's driving? [online]. *Transportation Research Part C: Emerging Technologies,* 2011, 19(6), 1171-1184. ISSN 0968090X. Verfügbar unter: doi:10.1016/j.trc.2010.12.010

[PEU13] PEUGOT. *Produktbroschüre Peugot iOn. 100 % Elektrisch,* Juli 2013 [Zugriff am: 10. Februar 2014]. Verfügbar unter: http://www.peugeot.de/media/deliacms/media//45/4539-17d303.pdf

[PFR11] PFRIEM, M. *CROME - Cross-border Mobility for EVs. Grenzüberschreitende Mobilität für Elektrofahrzeuge.* Karlsruhe, 20. Okt. 2011. Elektromobilität am Oberrhein.

[PFR13] PFRIEM, M. und F. GAUTERIN. Less range as a possible solution for the market success of electric vehicles in commercial fleets. In: AVERE, Hg. *International Electric Vehicle Symposium 27,* 2013.

[PFR14a] PFRIEM, M., F. GAUTERIN und T. MEYER. Quantification of the Mitigation of Greenhouse Gas Emissions in Transport through the Use of Electric Vehicles. In: P. JOCHEM und W. SCHADE, Hg. *Climate Change and Transport,* 2014.

[PFR14b] PFRIEM, M., F. GAUTERIN und T. MEYER. Selected Results from a Large-Scale Field Operational Test with Electric Vehicles in Germany and France. In: THE INSTITUTION OF ENGINEERING AND TECHNOLOGY., Hg. *5th Hybrid and Electric Vehicle Conference,* 2014. ISBN 978-1-84919-911-7.

[PFR14c] PFRIEM, M. und F. GAUTERIN. *Employing Smartphones as a Low-Cost Multi Sensor Platform in a Field Operational Test with Electric Vehicles* [online], 2014 [Zugriff am: 11. Juni 2014]. Verfügbar unter: http://ieeexplore.ieee.org/xpl/articleDetails.jsp?arnumber=6758745. Verfügbar unter: 10.1109/HICSS.2014.148

[PFR15] PFRIEM, M., F. GAUTERIN und T. MEYER. Analysis of the utilisation of the EV in CROME. In: J. SCHÄUBLE, P. JOCHEM und W. FICHTNER, Hg. *Cross-border Mobility for Electric Vehicles.* Karlsruhe: KIT Scientific Publishing, 2015. ISBN 978-3-7315-0492-4.

[PIC75] PICKANDS, J. Statistical Inference Using Extreme Order Statistics. *The Annals of Statistics,* 1975, 3(1), 119-131.

[PLÖ14] PLÖTZ, P., T. GNANN, A. KÜHN und M. WIETSCHEL. *Markthochlaufszenarien für Elektrofahrzeuge. Langfassung.* (korrigierte Version 20. Januar 2014). Karlsruhe, 2014.

[PÖT11] PÖTTER, K., R. TILL und M. HORST. Kundenrelevante Betriebslasten [online]. Neue Werkzeuge zur Ermittlung von Fahrzeuglasten im Kundenbetrieb. *Materials Testing,* 2011, 53(7-8), 432-436. Materials Testing. Verfügbar unter: doi:10.3139/120.110246

[RAT91] Richtlinie des Rates vom 26. Juni 1991 zur Änderung der Richtlinie 70/220/EWG zur Angleichung der Rechtsvorschriften der Mitgliedstaaten über Maßnahmen gegen die Verunreinigung der Luft durch Emissionen von Kraftfahrzeugen. 91/441/EWG. In: *Amtsblatt der Europäischen Gemeinschaften,* 30. Aug. 1991.

[REA82] READ, C.B., N.L. JOHNSON und S. KOTZ. *Encyclopedia of statistical sciences.* New York: J. Wiley & Sons, 1982. ISBN 0471055468.

[RED14] REDELBACH, M., E.D. ÖZDEMIR und H.E. FRIEDRICH. Optimizing battery sizes of plug-in hybrid and extended range electric vehicles for different user types [online]. *Energy Policy,* 2014, 73, 158-168. ISSN 03014215. Verfügbar unter: doi:10.1016/j.enpol.2014.05.052

[REI08] REISER, C., H. ZELLBECK, C. HÄRTLE und T. KLAIß. Kundenfahrverhalten im Fokus der Fahrzeugentwicklung [online]. *ATZ,* 2008, (07-08), 684-692. Verfügbar unter: http://download.springer.com/static/pdf/746/art%253A10.1007%252FBF03222003.pdf?auth66=1422633949_7e4d249d016c261f9a0ac61c6729fe30&ext=.pdf

[REI11] REISER, C. *Kundenfahrverhalten im Fokus der Fahrzeugentwicklung. Methodik zur Erfassung von Kundenfahrverhalten und Erstellung von Kundenzyklen für die Bewertung neuer Technologien zur Verbrauchsreduzierung.* Saarbrücken: Südwestdt. Verl. für Hochschulschriften, 2011. ISBN 9783838122465.

[REN13] RENAULT. *Produktbroschüre Kangoo Z.E.* RENAULT DEUTSCHLAND AG, Hg., 27. Aug. 2013 [Zugriff am: 13.

Februar 2014]. Verfügbar unter: http://www.renaultpreislisten.de/fileadmin/user_upload/Broschuere_Kangoo_ZE.pdf

[REN15] RENAULT. *Kangoo Z.E. - Renault Modellpalette* [online], 2015 [Zugriff am: 4. März 2015]. Verfügbar unter: http://www.renault.de/renault-modellpalette/ze-elektrofahrzeuge/kangoo-ze/kangoo-ze/

[ROG14] ROGERS, E.M. *Diffusion of innovations. 5th edition.* [S.l.]: Free Press, 2014. ISBN 0743258231.

[SAF15] SAFE AND GREEN ROAD VEHICLES EUROPE. *SAGE Project - Region Shanghai* [online], 2015 [Zugriff am: 27. April 2015]. Verfügbar unter: http://www.sage-project.eu/project-regions/region-shanghai.html

[SAV64] SAVITZKY, A. und M. GOLAY. Smoothing and Differentiation of Data by Simplified Least Squares Procedures [online]. *Analytical Chemistry,* 1964, 36(36 // 8), 1627–1638 // 1627–1639. Analytical Chemistry. Verfügbar unter: doi:10.1021/ac60214a047

[SCH06] SCHULTE, S. *Integration von Kundenfeedback in die Produktentwicklung zur Optimierung der Kundenzufriedenheit.* Dissertation. Betreuer: Abramovici, Michael. Bochum, 24. Mai. 2006.

[SCH07] SCHADE, J. und M. BAUM. Reactance or acceptance? Reactions towards the introduction of road pricing [online]. *Transportation Research Part A: Policy and Practice,* 2007, 41(1), 41-48. ISSN 09658564. Verfügbar unter: doi:10.1016/j.tra.2006.05.008

[SCH10] SCHULZ, A., S. MARKER und V. SCHINDLER. Elektrifizierung von Fahrzeugflotten - Chancen für den Einstieg in die Elektromobilität. In: *Innovative Fahrzeugantriebe 2010. Die Vielfalt der Mobilität: vom Verbrenner bis zum E-Motor.* Düsseldorf: VDI Verlag, 2010, S. 215-226. ISBN 978-3-18-092105-1.

[SCH13a] SCHMIDT, M. und M. NEUSCHÜTZ. Lithium-Ionen-Batterien. Elektrolyt ist die Schlüsselkomponente. In: W. SIEBENPFEIFFER, Hg. *Energieeffiziente Antriebstechnologien. Hybridisierung - Downsizing - Software und IT ; mit 16 Tabellen.* Wiesbaden: Springer Vieweg, 2013, S. 234-239. ISBN 978-3658007898.

[SCH13b] SCHRAMM, D., M. HILLER und R. BARDINI. *Modellbildung und Simulation der Dynamik von Kraftfahrzeugen.* 2., vollst. überarb. Aufl. 2013. Berlin, Heidelberg: Springer Vieweg, 2013. ISBN 3642338887.

[SCH13c] SCHICKRAM, S., Z. TILL und M. LIENKAMP. Auslegung von elektrischen Fahrzeugkonzepten für Megacities in Asien [online]. *ATZ,* 2013, 115(2). Verfügbar unter: http://link.springer.com/article/10.1007/s35148-013-0034-2/fulltext.html

[SCH15] SCHÄUBLE, J., P. JOCHEM und W. FICHTNER, Hg. *Cross-border Mobility for Electric Vehicles.* Karlsruhe: KIT Scientific Publishing, 2015. ISBN 978-3-7315-0492-4

[SCH95] SCHLITTGEN, R. *Einführung in die Statistik. Analyse und Modellierung von Daten.* 5., verb. Aufl. München: Oldenbourg, 1995. ISBN 3486232835.

[SEI09] SEIFFERT, R. *Die Ära Gottlieb Daimlers. Neue Perspektiven zur Frühgeschichte des Automobils und seiner Technik.* Wiesbaden: Vieweg+Teubner Verlag, 2009. ISBN 978-3-8348-0962-9.

[SMA10] SMART. *smart electric drive product information,* 1. Okt. 2010 [Zugriff am: 11. Februar 2013]. Verfügbar unter: http://www.sug.de/ppdf/ppdfpkw/smart_ed_flyer.pdf

[SOM11] SOMMER, K. *Continental Mobility Study 2011.* Hannover, 15. Dez. 2011.

[SON13] SONG, M.-K., Y. ZHANG und E.J. CAIRNS. A long-life, high-rate lithium/sulfur cell: a multifaceted approach to enhancing cell performance [online]. *Nano letters,*

2013, 13(12), 5891-5899. ISSN 1530-6992. Verfügbar unter: doi:10.1021/nl402793z

[TAM06] TAMSANYA, S., S. CHUNGPAIBULPATTANA und S. ATTHAJARIYAKUL. Development of Automobile Bangkok Driving Cycle for Emissions and Fuel Consumption Assessment. In: SEE, Hg. *The 2nd Joint International Conference on "Sustainable Energy and Environment (SEE 2006)"*, 2006.

[TEC15a] TECHNISCHE UNIVERSITÄT DRESDEN. *Mobilität in Städten - SrV* [online], 2015 [Zugriff am: 14. April 2015].

[TEC15b] TECSON GMBH & CO KG. *Entwicklung der Erdölpreise* [online]. *Ölpreisentwicklung auf dem Weltmarkt im Rückblick*, 2015 [Zugriff am: 9. Juni 2015]. Verfügbar unter: http://www.tecson.de/historische-oelpreise.html

[TEN11] TENKHOFF, C., O. BRAUNE und S. WILHELM. *Ergebnisbericht 2011 der Modellregionen Elektromobilität*. BUNDESMINISTERIUM FÜR VERKEHR, BAU UND STADTENTWICKLUNG, Hg., 5. Dez. 2011.

[TEN12] TENKHOFF, C., O. BRAUNE, S. WILHELM, T. WILHELM, J. BECKER, I. ANDERSEN und S. KIENZLER. *Ergebnisbericht der Modellregionen Elektromobilität*. Berlin. BUNDESMINISTERIUM FÜR VERKEHR, BAU UND STADTENTWICKLUNG, Hg., 2012.

[TON10] TONG, H.Y. und W.T. HUNG. A Framework for Developing Driving Cycles with On-Road Driving Data [online]. *Transport Reviews*, 2010, 30(5), 589-615. ISSN 0144-1647. Verfügbar unter: doi:10.1080/01441640903286134

[TON99] TONG, H.Y., W.T. HUNG und C.S. CHEUNG. Development of a driving cycle for Hong Kong [online]. *Atmospheric Environment*, 1999, 33(15), 2323-2335. ISSN

13522310. Verfügbar unter: doi:10.1016/S1352-2310(99)00074-6

[TUT13] TUTUIANU, M., A. MAROTTA, H. STEVEN, E. ERICSSON, T. HAIU, N. ICHIKAWA und H. ISHII. *Development of a Worldwide harmonized Light duty driving Test Cycle (WLTC). Technical Report.* UN/ECE/WP.29/GRPE/WLTP-IG. WLTP DHC CHAIR, Hg., 2013.

[TÜV10] TÜV SÜD AUTOMOTIVE GMBH. *Reichweitenermittlung von Elektrofahrzeugen.* Heimsheim, 2010.

[TZE98] TZENG, G.-H. und J.-J. CHEN. Developing a Taipei motorcycle driving cycle for emissions and fuel economy [online]. *Transportation Research Part D: Transport and Environment,* 1998, 3(1), 19-27. ISSN 1361-9209. Verfügbar unter: doi:10.1016/S1361-9209(97)00008-4

[U.S15] U.S. DEPARTMENT OF TRANSPORTATION, FEDERAL HIGHWAY ADMINISTRATION. *National Household Travel Survey (NHTS)* [online]. *Our Nation's Tavel,* 2015 [Zugriff am: 14. April 2015].

[UK 14] UK DEPARTMENT OF TRANSPORT. *National Travel Survey* [online], 2014 [Zugriff am: 14. April 2015].

[UNG09] UNGERMANN, J. *Zuverlässigkeitsnachweis und Zuverlässigkeitsentwicklung in der Gesamtfahrzeugerprobung.* Dissertation. Betreuer: Siegwart, Roland. Zürich, 2009.

[UNI14] UNITED NATIONS. *World Urbanization Prospects. The 2014 revision.* New York, 2014. ISBN 978-92-1-151517-6.

[VOL95] VOLLMER, T., B.-R. HÖHN, S. KERSCHL und B. PINNEKAMP. Der Autarke Hybrid: Auslegung des Gesamtsystems. In: VDI-GESELLSCHAFT ENERGIETECHNIK, Hg. *Rationelle Energienutzung bei Hybridfahrzeugen:* VDI Verlag, 1995. ISBN 3-18-091225-1.

[WAL11] WALLENTOWITZ, H. und A. FREIALDENHOVEN. *Strategien zur Elektrifizierung des Antriebsstranges. Technolo-*

gien, Märkte und Implikationen. 2. Auflage. Wiesbaden: Vieweg+Teubner Verlag, 2011. ISBN 9783834814128.

[WEI11] WEINRICH, G., J. JACOBS, H. SCHULTE-MATTLER und J. RIEGLER. *Frühwarnindikatoren und Krisenfrühaufklärung.* Wiesbaden: Betriebswirtschaftlicher Verlag Gabler, 2011. ISBN 3834967947.

[WER12a] WERMUTH, M., C. NEEF, R. WIRTH, I. HANITZ, H. LÖHNER, H. HAUTZINGER, W. STOCK, M. PFEIFFER, M. FUCHS, B. LENZ, V. EHRLER, S. SCHNEIDER und H.-J. HEINZMANN. *Mobilitätsstudie "Kraftfahrzeugverkehr in Deutschland 2010" (KiD 2010) - Ergebnisse im Überblick.* Braunschweig. BUNDESMINISTERIUM FÜR VERKEHR, BAU UND STADTENTWICKLUNG, Hg., 24. Apr. 2012.

[WER12b] WERMUTH, M., C. NEEF, R. WIRTH, I. HANITZ, H. LÖHNER, H. HAUTZINGER, W. STOCK, M. PFEIFFER, M. FUCHS, B. LENZ, V. EHRLER, S. SCHNEIDER und H.-J. HEINZMANN. *Kraftfahrzeugverkehr in Deutschland 2010 (KiD 2010) - Schlussbericht.* Braunschweig. BUNDESMINISTERIUM FÜR VERKEHR, BAU UND STADTENTWICKLUNG, Hg., 24. Apr. 2012.

[WIE12] WIEDEMANN, E., J. MEURLE und M. LIENKAMP. Optimization of Electric Vehicle Concepts Based on Customer-Relevant Characteristics. In: SAE INTERNATIONAL, Hg. *SAE 2012 World Congress,* 2012.

[WIM15] WIMMELBÜCKER, S. *Medienbericht: Drei Milliarden Euro für E-Autos* [online], 2015. 2 Juni 2015, 12:00 [Zugriff am: 9. Juni 2015]. Verfügbar unter: http://www.automobilwoche.de/article/20150602/NACHRICHTEN/150609982/medienbericht-drei-milliarden-euro-fur-e-autos

[WVI12] WVI - PROF. DR. WERMUTH VERKEHRSFORSCHUNG UND INFRASTRUKTURPLANUNG GMBH. *Kraftfahrzeugverkehr in Deutschland 2010* [online], 2012 [Zugriff am: 14. April 2015].

12 Anhang

12.1 Flotten-BEV-Fahrzyklus

Zeitverlauf der Fahrgeschwindigkeit des Flotten-BEV-Fahrzyklus mit 1 Hz Abtastrate und Separator „;"

0,00; 0,00; 0,00; 0,31; 2,48; 5,87; 9,30; 11,51; 11,79; 10,99; 10,17; 9,94; 10,66; 12,46; 14,93; 17,74; 20,30; 21,54; 21,37; 20,28; 17,70; 13,44; 8,42; 3,69; 0,47; 0,00; 0,41; 1,54; 5,45; 9,69; 14,09; 18,03; 20,61; 20,19; 27,72; 34,25; 38,54; 39,53; 36,84; 30,99; 32,07; 33,03; 34,42; 36,22; 37,63; 39,93; 37,92; 34,97; 34,35; 35,42; 39,67; 46,22; 51,74; 57,22; 60,55; 60,09; 57,74; 53,27; 52,90; 53,75; 52,92; 51,09; 48,38; 44,79; 42,21; 39,77; 36,94; 34,53; 32,95; 31,52; 28,66; 23,61; 18,03; 13,29; 10,37; 9,69; 10,27; 10,70; 10,13; 8,93; 7,44; 5,33; 5,54; 5,88; 5,44; 5,02; 4,86; 4,36; 5,79; 6,54; 7,26; 8,00; 8,74; 9,48; 10,22; 10,96; 11,70; 12,44; 13,18; 13,92; 14,66; 15,40; 16,14; 16,61; 17,96; 19,21; 20,25; 21,09; 21,71; 22,06; 23,29; 24,36; 25,40; 26,44; 27,48; 28,55; 29,51; 30,47; 31,58; 32,67; 34,05; 35,95; 37,23; 37,78; 37,77; 37,20; 36,41; 35,52; 34,30; 33,02; 32,16; 31,71; 31,22; 30,22; 28,75; 27,09; 24,89; 21,99; 17,93; 13,19; 7,82; 3,53; 0,76; 0,05; 0,72; 2,33; 3,77; 4,99; 5,93; 6,49; 6,62; 6,12; 5,34; 4,37; 3,81; 3,40; 3,26; 3,20; 3,41; 2,72; 2,06; 1,60; 1,83; 2,83; 4,30; 5,39; 7,29; 9,75; 12,95; 16,18; 18,49; 19,71; 20,28; 20,15; 20,04; 20,04; 20,80; 20,12; 17,17; 13,16; 9,30; 6,79; 6,86; 7,32; 7,32; 7,32; 5,38; 8,29; 14,10; 20,88; 26,73; 29,71; 27,44; 26,88; 26,28; 26,68; 24,91; 22,67; 20,72; 20,12; 21,57; 25,07; 26,73; 27,92; 28,64; 29,15; 29,64; 29,97; 30,29; 30,46; 30,43; 30,07; 28,93; 26,93; 24,19; 21,51; 19,00; 15,75; 11,91; 7,60; 3,83; 2,49; 3,60; 6,31; 10,35; 14,72; 18,85; 21,80; 22,69; 21,80; 19,89; 17,97; 16,48; 15,55;

15,41; 15,31; 13,91; 10,34; 5,67; 1,60; 0,00; 1,14; 4,62; 8,57; 12,12; 14,92; 17,61; 22,05; 27,43; 32,41; 36,40; 39,74; 42,41; 44,65; 46,37; 47,64; 48,66; 49,54; 50,09; 50,39; 50,46; 50,35; 50,03; 49,75; 49,54; 49,48; 49,57; 49,75; 49,91; 50,16; 50,40; 50,75; 51,07; 51,40; 51,75; 52,15; 52,16; 51,35; 49,88; 48,05; 46,63; 46,16; 45,80; 44,49; 42,15; 39,02; 35,80; 33,26; 31,24; 29,36; 27,55; 25,88; 23,98; 22,06; 19,70; 16,66; 13,31; 10,01; 6,86; 4,27; 0,00; 1,14; 4,98; 10,85; 18,00; 24,33; 28,68; 31,69; 33,76; 35,55; 37,75; 39,88; 41,54; 42,73; 44,16; 46,05; 48,39; 50,74; 52,97; 54,92; 56,92; 58,74; 60,11; 60,96; 61,53; 61,72; 61,54; 61,01; 60,28; 59,74; 59,78; 60,19; 60,81; 61,49; 61,36; 59,98; 57,73; 55,03; 52,14; 49,64; 47,31; 44,86; 43,33; 43,64; 45,66; 48,99; 52,26; 54,64; 56,79; 59,79; 63,29; 66,85; 69,38; 70,59; 70,83; 70,73; 69,98; 69,22; 68,43; 67,78; 67,63; 68,10; 69,02; 70,34; 71,49; 72,21; 72,49; 72,42; 72,05; 71,69; 71,56; 71,86; 72,54; 73,49; 74,33; 74,94; 75,32; 75,54; 75,69; 75,87; 76,15; 76,53; 76,98; 77,42; 77,77; 77,82; 77,38; 76,55; 75,43; 74,29; 73,27; 72,36; 71,49; 70,81; 70,28; 69,87; 69,44; 69,01; 68,54; 68,18; 68,04; 68,00; 68,19; 68,44; 68,57; 68,91; 69,40; 70,07; 70,86; 71,43; 71,58; 71,73; 71,81; 71,95; 72,07; 72,24; 72,02; 70,94; 68,69; 65,36; 61,36; 57,40; 53,78; 50,31; 46,95; 43,88; 41,47; 40,07; 40,20; 41,94; 44,95; 48,70; 52,66; 55,90; 58,17; 58,78; 58,31; 57,47; 56,86; 56,42; 55,89; 54,36; 52,17; 49,69; 47,25; 44,84; 42,33; 39,69; 36,89; 33,98; 30,89; 28,40; 27,08; 26,89; 27,78; 29,81; 32,69; 36,45; 40,68; 44,35; 47,09; 49,11; 50,61; 51,71; 52,32; 52,39; 51,72; 49,86; 47,39;

44,92; 42,45; 40,35; 38,63; 37,07; 35,74; 34,31; 32,23; 29,43; 26,49; 24,07; 22,14; 20,62; 19,24; 17,23; 13,97; 9,33; 4,64; 1,21; 0,00; 0,69; 2,31; 4,48; 7,39; 10,28; 13,21; 15,69; 17,71; 18,48; 18,89; 18,91; 18,99; 19,20; 19,71; 19,95; 20,54; 20,62; 20,47; 20,04; 19,01; 17,69; 16,46; 14,85; 13,85; 13,56; 13,66; 13,89; 13,58; 12,58; 11,30; 9,58; 8,54; 9,03; 11,40; 15,10; 18,98; 21,39; 23,09; 23,85; 25,01; 26,23; 27,31; 27,46; 27,39; 26,59; 26,74; 27,36; 28,22; 28,65; 28,68; 29,26; 30,69; 32,50; 33,96; 34,97; 35,43; 36,26; 38,07; 40,44; 42,51; 44,01; 44,93; 45,07; 45,65; 46,29; 47,11; 47,74; 48,34; 48,48; 48,22; 47,95; 47,85; 48,26; 49,18; 49,80; 49,59; 48,84; 47,79; 47,42; 48,67; 49,53; 49,92; 49,49; 48,75; 47,40; 47,07; 46,63; 46,63; 46,87; 47,19; 47,23; 47,57; 48,05; 48,69; 49,78; 50,45; 51,02; 50,90; 49,94; 48,39; 46,97; 45,43; 44,31; 43,54; 43,15; 42,96; 42,99; 43,51; 44,04; 44,30; 44,64; 44,97; 44,35; 43,32; 42,70; 40,15; 35,98; 30,46; 23,45; 15,69; 10,28; 6,10; 3,14; 3,51; 6,21; 8,68; 11,05; 10,99; 8,01; 4,78; 1,97; 0,14; 0,00

12.2 Flotten-BEV-Land-Fahrzyklus

Zeitverlauf der Fahrgeschwindigkeit des Flotten-BEV-Land-Fahrzyklus mit 1 Hz Abtastrate und Separator „;“

0,00; 0,00; 0,00; 0,00; 1,20; 3,05; 4,41; 8,02; 12,21; 16,53; 21,03; 24,00; 24,93; 27,51; 29,55; 31,80; 34,30; 36,29; 37,66; 38,85; 38,91; 39,51; 40,77; 42,57; 44,36; 45,53; 46,41; 47,40; 48,32; 49,66; 50,83; 51,38; 51,81; 51,82; 51,38; 51,07; 50,97; 51,17; 51,81; 52,80; 54,05; 54,81; 55,92; 56,86; 57,46; 58,32; 59,18; 59,76; 60,79; 61,47; 61,35; 61,35; 61,29; 61,44; 61,75; 61,83; 61,61; 61,97; 62,69; 63,62; 64,56; 65,06; 65,07; 65,13; 65,33; 65,59; 65,71; 65,69; 65,42; 65,11; 64,73; 64,71; 64,97; 65,30; 65,35; 65,37; 65,28; 65,54; 65,54; 65,21; 63,75; 61,99; 60,62; 59,90; 59,19; 58,99; 58,39; 57,74; 57,03; 56,79; 56,21; 55,08; 54,77; 55,37; 57,05; 59,57; 61,34; 62,18; 63,10; 63,86; 64,59; 64,94; 64,59; 64,06; 63,74; 64,17; 64,63; 65,40; 65,73; 65,73; 65,59; 65,28; 64,66; 64,01; 63,27; 63,17; 63,58; 63,96; 64,54; 64,80; 65,25; 65,85; 66,86; 68,52; 70,06; 70,85; 71,64; 72,00; 72,53; 73,65; 74,81; 75,67; 76,49; 77,02; 77,57; 78,14; 78,75; 79,53; 80,18; 80,68; 81,33; 81,18; 80,35; 79,45; 78,31; 77,13; 76,58; 75,57; 74,28; 73,13; 72,14; 71,26; 70,53; 69,72; 68,73; 68,02; 67,77; 67,85; 68,11; 68,50; 69,02; 69,43; 70,13; 70,75; 71,47; 71,67; 71,71; 71,52; 71,52; 71,59; 72,05; 72,33; 72,98; 73,66; 74,07; 74,43; 74,76; 74,62; 74,19; 73,32; 72,17; 71,04; 70,25; 69,74; 69,43; 69,41; 69,67; 68,38; 65,79; 61,95; 58,23; 55,01; 53,25; 52,68; 53,50; 54,96; 56,73; 57,12; 55,53; 53,59; 49,97; 46,42; 43,30; 39,75; 35,81; 32,90; 31,75; 33,79; 38,40; 43,42; 47,66; 50,69; 53,78; 56,54; 58,99; 61,15; 62,66; 63,75; 64,85; 66,10; 67,34; 68,67; 69,69; 70,47; 71,23; 72,02; 72,86; 73,77; 74,76; 75,74; 76,66; 77,31; 78,03; 78,39; 78,81; 79,25; 79,78; 80,21; 80,79; 80,93; 80,74; 80,31; 79,90; 79,53; 79,17; 79,20; 78,81; 78,21; 77,59; 76,90; 76,23; 75,79; 74,97; 74,16; 73,59; 73,30; 73,25; 73,15; 73,18; 73,49; 74,07; 74,85; 75,71; 76,59; 77,68; 78,72; 79,19; 78,98; 77,93; 76,37; 74,54; 73,06;

71,52; 69,69; 66,82; 62,97; 57,36; 50,90; 43,90; 37,18; 31,30; 26,81; 24,57; 24,93; 27,79; 31,80; 35,69; 38,33; 39,72; 41,31; 43,75; 46,01; 48,21; 50,06; 50,74; 50,88; 50,83; 49,27; 46,92; 43,30; 39,57; 36,36; 34,20; 32,66; 32,67; 33,03; 33,98; 36,57; 39,62; 42,79; 46,20; 49,03; 50,50; 51,12; 50,43; 48,45; 45,55; 43,06; 41,55; 40,44; 38,55; 36,05; 33,15; 30,63; 28,22; 24,82; 20,19; 15,46; 10,70; 8,13; 6,99; 6,57; 7,29; 7,90; 8,66; 10,25; 11,54; 12,57; 12,38; 11,38; 10,78; 10,08; 9,79; 9,65; 8,57; 7,75; 7,63; 8,13; 8,09; 7,00; 4,80; 2,41; 1,25; 0,97; 0,60; 0,36; 0,05; 0,00; 0,00; 0,00; 0,00; 0,00; 0,00; 0,00; 0,02; 1,26; 3,70; 7,47; 11,64; 15,14; 17,17; 17,68; 17,50; 17,37; 17,44; 17,61; 17,22; 16,56; 16,13; 15,56; 14,90; 14,31; 14,02; 14,58; 16,12; 18,23; 21,06; 24,63; 28,69; 32,55; 35,51; 37,34; 38,76; 40,06; 41,19; 41,72; 41,85; 42,19; 43,60; 46,24; 49,60; 53,10; 56,36; 59,21; 61,56; 63,52; 65,22; 66,94; 68,81; 70,83; 72,84; 74,79; 76,61; 78,35; 79,97; 81,42; 82,69; 83,83; 84,88; 85,75; 86,40; 86,84; 87,08; 87,15; 87,19; 87,25; 87,50; 87,97; 88,60; 89,25; 89,80; 90,23; 90,52; 90,80; 91,13; 91,54; 91,95; 92,32; 92,58; 92,76; 92,85; 92,89; 92,84; 92,78; 92,71; 92,62; 92,53; 92,46; 92,41; 92,39; 92,40; 92,29; 92,12; 91,93; 91,78; 91,68; 91,72; 91,74; 91,72; 91,70; 91,63; 91,52; 91,36; 91,07; 90,68; 90,26; 89,84; 89,49; 89,22; 89,13; 89,37; 90,01; 90,66; 90,96; 90,69; 89,92; 88,90; 87,95; 87,06; 86,32; 85,89; 85,87; 86,14; 86,60; 87,12; 87,60; 88,15; 88,69; 89,14; 89,49; 89,72; 89,75; 89,76; 89,71; 89,69; 89,79; 89,90; 89,96; 89,95; 89,86; 89,75; 89,65; 89,54; 89,46; 89,28; 89,00; 88,67; 88,33; 88,03; 87,73; 87,36; 86,87; 86,13; 85,26; 84,25; 82,85; 80,95; 78,63; 75,84; 73,20; 71,07; 69,46; 68,40; 67,86; 67,67; 67,83; 68,06; 68,08; 67,59; 66,53; 64,91; 62,74; 59,77; 56,15; 52,38; 49,06; 46,69; 45,38; 44,79; 44,58; 44,66; 44,81; 45,01; 45,23; 45,64; 46,28; 47,23; 48,38; 49,59; 50,58; 51,09; 50,59; 48,90; 46,17; 42,76; 39,24; 36,37; 34,52; 33,55; 33,65; 34,72; 36,55; 38,80; 41,47; 44,08; 46,67; 48,96; 50,76; 51,56; 51,67; 51,45; 51,07; 50,49; 49,79; 48,94; 48,28; 48,13; 48,54; 49,26; 49,77; 49,98; 50,04; 50,09; 50,17; 50,24;

49,81; 48,78; 47,22; 44,98; 42,03; 38,97; 35,87; 33,29; 31,67; 30,56; 29,77; 29,41; 29,05; 28,88; 29,04; 29,29; 29,50; 29,62; 28,82; 27,53; 26,39; 26,27; 27,53; 30,09; 32,80; 35,42; 37,68; 39,64; 41,46; 43,16; 44,70; 46,04; 47,23; 48,29; 49,34; 50,35; 51,10; 51,44; 51,13; 50,30; 49,12; 47,78; 46,54; 45,73; 45,06; 44,35; 43,37; 41,85; 39,99; 38,08; 36,03; 33,84; 31,71; 29,55; 27,53; 25,61; 23,58; 21,88; 20,34; 19,00; 17,98; 16,27; 13,58; 9,62; 5,25; 1,77; 0,04; 0,00; 1,65; 6,00; 10,13; 15,77; 21,86; 27,82; 33,22; 37,71; 40,68; 44,85; 49,80; 55,38; 60,26; 63,57; 67,30; 69,10; 69,53; 72,03; 75,46; 79,49; 83,73; 86,13; 86,97; 88,25; 88,66; 87,70; 85,83; 83,97; 82,68; 80,79; 75,41; 66,81; 55,73; 45,77; 39,60; 33,75; 27,63; 21,75; 16,34; 14,47; 17,45; 21,53; 24,89; 24,96; 22,22; 18,82; 17,16; 16,97; 17,38; 16,56; 14,33; 11,79; 9,21; 7,03; 5,97; 5,33; 5,33; 6,00; 6,38; 5,98; 4,82; 3,34; 2,42; 2,30; 2,51; 2,86; 2,56; 1,85; 0,97; 0,15; 0,00; 0,00; 0,00; 0,00; 0,00; 0,00; 0,00; 2,06; 5,87; 9,54; 11,10; 9,75; 7,61; 7,06; 9,22; 13,72; 18,53; 21,03; 20,19; 16,31; 10,87; 5,53; 2,54; 2,60; 5,96; 12,17; 19,69; 26,44; 32,30; 37,29; 41,64; 45,51; 48,86; 51,81; 54,36; 56,60; 58,67; 60,68; 62,63; 64,55; 66,37; 68,07; 69,66; 71,21; 72,73; 74,20; 75,69; 77,10; 78,47; 79,77; 80,82; 81,38; 81,34; 80,56; 79,21; 77,84; 76,93; 76,76; 77,18; 77,85; 78,32; 78,59; 78,66; 78,71; 78,71; 78,73; 78,65; 78,36; 77,72; 77,00; 76,54; 75,69; 73,86; 70,84; 66,77; 62,38; 58,38; 54,42; 50,74; 47,98; 46,47; 46,33; 47,06; 48,09; 49,24; 49,75; 49,53; 48,71; 47,64; 46,78; 46,60; 46,63; 46,77; 46,88; 46,78; 46,33; 45,56; 44,64; 43,28; 41,35; 38,31; 33,68; 28,51; 25,01; 23,54; 23,42; 23,54; 22,70; 21,74; 22,29; 24,20; 26,82; 29,76; 32,49; 35,14; 37,58; 39,51; 40,94; 41,74; 42,05; 42,02; 41,80; 41,50; 41,18; 40,86; 40,72; 40,73; 40,96; 41,31; 41,68; 42,06; 42,43; 42,82;

43,08; 43,19; 43,22; 43,11; 42,94; 42,83; 42,74; 42,73; 42,94; 43,19; 43,48; 43,55; 43,49; 43,18; 42,83; 42,73; 42,61; 42,10; 41,43; 40,75; 40,83; 41,93; 43,75; 45,79; 47,65; 49,21; 50,57; 51,53; 52,13; 51,75; 50,67; 49,54; 48,86; 48,57; 47,95; 46,00; 43,20; 40,99; 40,47; 42,01; 44,94; 48,30; 51,23; 53,40; 54,78; 55,57; 56,12; 56,68; 57,26; 57,78; 58,42; 59,18; 60,08; 61,11; 62,09; 63,05; 63,94; 64,70; 65,31; 65,71; 65,85; 66,07; 65,61; 64,17; 62,29; 60,13; 57,69; 55,68; 53,50; 51,26; 49,49; 48,15; 46,93; 46,16; 45,66; 45,38; 45,28; 45,10; 44,82; 44,53; 44,51; 44,53; 44,01; 42,69; 40,95; 39,28; 38,25; 37,52; 36,43; 34,70; 32,51; 29,62; 26,25; 23,39; 21,80; 21,57; 22,66; 23,78; 23,34; 21,63; 18,85; 15,54; 12,44; 9,07; 5,29; 3,04; 2,85; 4,09; 5,68; 5,90; 4,67; 3,76; 3,24; 2,76; 2,06; 1,15; 0,30; 0,00; 0,44; 3,34; 8,42; 15,01; 21,47; 26,84; 31,44; 35,06; 37,78; 39,68; 40,35; 40,38; 40,50; 41,01; 42,01; 43,38; 44,60; 45,62; 46,43; 47,14; 47,85; 48,61; 49,36; 50,11; 50,68; 50,99; 51,21; 51,24; 51,35; 51,70; 52,56; 54,19; 56,66; 59,45; 62,45; 65,06; 67,44; 69,86; 72,31; 74,52; 76,12; 76,81; 76,66; 75,97; 75,15; 74,49; 74,14; 74,13; 74,28; 74,52; 74,81; 74,85; 74,57; 74,17; 73,66; 73,25; 73,04; 72,96; 72,99; 73,30; 73,78; 74,45; 75,12; 75,90; 76,64; 77,40; 78,21; 78,96; 79,31; 79,26; 79,06; 78,59; 77,22; 74,30; 68,99; 61,38; 53,82; 47,53; 43,69; 42,28; 42,22; 42,44; 43,05; 43,45; 43,87; 44,34; 45,04; 46,02; 47,17; 48,02; 48,07; 47,04; 45,03; 42,32; 39,43; 37,11; 36,04; 35,83; 35,93; 35,99; 35,75; 35,64; 35,85; 36,13; 36,31; 36,73; 37,02; 37,04; 36,42; 35,05; 33,29; 31,53; 28,52; 23,67; 18,28; 14,28; 13,44; 15,99; 19,91; 22,73; 23,77; 23,06; 20,54; 16,19; 10,53; 0,00

12.3 Flotten-BEV-Stadt-Fahrzyklus

Zeitverlauf der Fahrgeschwindigkeit des Flotten-BEV-Stadt-Fahrzyklus mit 1 Hz Abtastrate und Separator „;“

0,00; 1,65; 4,30; 6,99; 8,80; 9,14; 9,14; 9,79; 11,29; 13,38; 15,35; 16,60; 17,33; 16,94; 15,06; 12,28; 9,12; 6,67; 5,63; 5,46; 5,66; 6,09; 6,26; 6,25; 6,29; 6,74; 7,60; 8,54; 9,16; 9,21; 8,64; 6,80; 4,36; 1,99; 0,25; 0,00; 0,00; 0,00; 0,00; 0,11; 0,47; 1,26; 2,35; 3,36; 4,09; 4,30; 3,20; 2,09; 1,74; 2,35; 3,74; 4,66; 4,36; 3,46; 2,26; 1,99; 2,98; 4,78; 7,71; 11,29; 14,95; 18,84; 22,08; 23,46; 22,56; 19,96; 16,69; 14,20; 13,90; 15,73; 19,42; 24,34; 28,98; 31,86; 32,24; 29,22; 24,30; 19,56; 16,46; 16,04; 18,15; 21,43; 25,28; 29,10; 32,46; 34,97; 36,66; 37,13; 36,32; 34,82; 33,61; 33,24; 34,11; 35,38; 36,33; 36,40; 35,97; 35,69; 35,48; 34,07; 30,62; 25,38; 20,01; 16,48; 16,28; 18,82; 22,78; 27,15; 31,18; 34,11; 36,96; 39,90; 42,97; 46,07; 48,83; 50,59; 51,66; 51,91; 51,49; 50,73; 50,13; 50,04; 50,45; 51,10; 51,84; 52,53; 53,21; 53,95; 54,72; 55,49; 56,21; 56,87; 57,48; 58,07; 58,59; 59,13; 59,62; 60,13; 60,66; 61,08; 60,80; 59,28; 56,41; 52,62; 48,81; 45,32; 41,78; 37,09; 31,65; 26,68; 23,51; 22,51; 23,20; 24,34; 25,80; 27,59; 29,18; 29,82; 28,92; 26,38; 21,35; 15,49; 10,06; 7,26; 8,37; 13,07; 18,78; 24,62; 29,46; 33,52; 36,32; 37,33; 36,41; 33,99; 30,86; 27,59; 24,75; 22,31; 20,30; 19,32; 19,63; 21,15; 23,59; 25,61; 26,30; 26,01; 25,83; 26,82; 28,98; 31,48; 35,62; 40,07; 43,43; 44,70; 43,29; 39,57; 36,33; 33,50; 30,84; 27,76; 24,11; 20,52; 17,16; 14,33; 12,22; 10,45; 8,90; 7,82; 7,04; 6,35; 6,06; 6,37; 7,16; 8,18; 9,18; 10,03; 11,11; 12,32; 13,26; 13,35; 12,28; 9,18; 5,45; 2,84; 1,98; 2,54; 3,87; 4,17; 3,59; 3,05; 2,55; 2,08; 1,69; 1,32; 0,79; 0,39; 0,06; 0,00; 0,00; 0,00; 0,00; 0,00; 0,00; 0,00; 0,00; 0,00; 0,89; 2,93; 5,78; 9,84; 13,35; 16,75; 19,61; 21,14; 21,84; 22,89; 23,78; 24,82; 26,06; 26,93; 27,53; 27,53; 27,57; 27,07; 26,11; 24,94; 23,93; 22,30; 21,02; 20,66; 18,34; 14,01; 8,76; 3,50; 0,00;

0,00; 0,00; 0,00; 0,00; 0,00; 0,00; 0,00; 0,00; 0,00; 0,00; 0,10; 4,17; 10,57; 17,79; 24,02; 27,60; 29,63; 31,55; 33,26; 34,94; 36,96; 39,46; 42,26; 45,25; 47,58; 48,27; 47,04; 44,76; 42,50; 41,30; 40,97; 41,08; 40,81; 40,24; 39,24; 37,73; 35,64; 33,27; 30,72; 28,26; 25,20; 21,42; 16,50; 11,18; 6,74; 0,00; 0,68; 3,58; 8,33; 14,29; 20,10; 24,86; 28,91; 32,37; 35,53; 38,01; 39,60; 40,52; 41,08; 41,30; 41,05; 39,73; 37,81; 35,92; 34,32; 32,94; 31,84; 31,38; 31,96; 33,67; 35,85; 37,27; 37,73; 37,91; 38,29; 39,29; 40,62; 41,21; 41,05; 40,63; 40,20; 39,53; 38,40; 35,89; 31,42; 25,05; 17,71; 10,56; 5,07; 1,76; 0,23; 0,00; 0,51; 2,28; 4,97; 6,46; 6,51; 5,33; 4,71; 5,69; 9,18; 12,21; 15,86; 19,42; 23,49; 27,60; 32,25; 35,43; 38,59; 40,99; 42,03; 42,14; 42,24; 42,15; 42,53; 42,81; 42,53; 41,81; 41,38; 41,28; 41,37; 41,40; 41,61; 41,61; 41,62; 42,15; 42,77; 43,32; 44,25; 44,35; 44,30; 43,83; 43,89; 44,28; 45,22; 45,74; 45,93; 44,62; 43,06; 41,13; 39,29; 37,65; 36,22; 34,71; 33,48; 32,25; 31,75; 32,19; 33,89; 36,10; 38,28; 39,72; 41,13; 42,53; 44,13; 46,03; 47,67; 48,94; 49,73; 49,65; 49,10; 48,48; 47,71; 47,06; 46,71; 46,44; 46,39; 46,18; 45,94; 45,62; 45,62; 45,55; 45,55; 45,67; 45,67; 44,98; 43,73; 42,41; 40,39; 38,98; 36,55; 32,40; 26,93; 21,89; 17,40; 15,41; 13,23; 10,19; 6,97; 4,73; 3,81; 4,14; 6,86; 11,39; 17,45; 24,12; 29,28; 31,58; 33,45; 34,37; 35,18; 36,05; 36,60; 36,99; 37,39; 37,27; 37,06; 36,62; 36,07; 35,62; 35,66; 36,19; 37,47; 39,91; 42,70; 45,07; 46,77; 47,55; 47,74; 47,78; 47,79; 47,78; 47,62; 47,71; 47,74; 47,35; 46,77; 46,11; 45,57; 45,09; 44,42; 42,91; 41,04; 39,50; 38,35; 38,74; 39,36; 39,22; 38,50; 38,67; 39,26; 41,21; 43,03; 44,13; 44,40; 44,69; 43,89;

42,45; 40,44; 38,62; 36,82; 35,16; 32,74; 29,76; 25,65; 21,26; 16,32; 11,76; 7,11; 3,41; 0,93; 0,00; 0,00; 0,00; 0,00; 0,00; 0,00; 0,00; 0,00; 0,00; 0,00; 0,00; 0,00; 0,00; 0,00; 0,00; 0,00; 0,73; 2,54; 5,18; 10,30; 15,81; 19,23; 19,90; 17,65; 14,43; 13,10; 12,23; 10,07; 6,33; 2,57; 0,15; 0,00

Karlsruher Schriftenreihe Fahrzeugsystemtechnik (ISSN 1869-6058)

Herausgeber: FAST Institut für Fahrzeugsystemtechnik

Die Bände sind unter www.ksp.kit.edu als PDF frei verfügbar oder als Druckausgabe bestellbar.

Band 1 Urs Wiesel
Hybrides Lenksystem zur Kraftstoffeinsparung im schweren Nutzfahrzeug. 2010
ISBN 978-3-86644-456-0

Band 2 Andreas Huber
Ermittlung von prozessabhängigen Lastkollektiven eines hydrostatischen Fahrantriebsstrangs am Beispiel eines Teleskopladers. 2010
ISBN 978-3-86644-564-2

Band 3 Maurice Bliesener
Optimierung der Betriebsführung mobiler Arbeitsmaschinen. Ansatz für ein Gesamtmaschinenmanagement. 2010
ISBN 978-3-86644-536-9

Band 4 Manuel Boog
Steigerung der Verfügbarkeit mobiler Arbeitsmaschinen durch Betriebslasterfassung und Fehleridentifikation an hydrostatischen Verdrängereinheiten. 2011
ISBN 978-3-86644-600-7

Band 5 Christian Kraft
Gezielte Variation und Analyse des Fahrverhaltens von Kraftfahrzeugen mittels elektrischer Linearaktuatoren im Fahrwerksbereich. 2011
ISBN 978-3-86644-607-6

Band 6 Lars Völker
Untersuchung des Kommunikationsintervalls bei der gekoppelten Simulation. 2011
ISBN 978-3-86644-611-3

Band 7 3. Fachtagung
Hybridantriebe für mobile Arbeitsmaschinen. 17. Februar 2011, Karlsruhe. 2011
ISBN 978-3-86644-599-4

Karlsruher Schriftenreihe Fahrzeugsystemtechnik (ISSN 1869-6058)

Herausgeber: FAST Institut für Fahrzeugsystemtechnik

Band 8 Vladimir Iliev
Systemansatz zur anregungsunabhängigen Charakterisierung des Schwingungskomforts eines Fahrzeugs. 2011
ISBN 978-3-86644-681-6

Band 9 Lars Lewandowitz
Markenspezifische Auswahl, Parametrierung und Gestaltung der Produktgruppe Fahrerassistenzsysteme. Ein methodisches Rahmenwerk. 2011
ISBN 978-3-86644-701-1

Band 10 Phillip Thiebes
Hybridantriebe für mobile Arbeitsmaschinen. Grundlegende Erkenntnisse und Zusammenhänge, Vorstellung einer Methodik zur Unterstützung des Entwicklungsprozesses und deren Validierung am Beispiel einer Forstmaschine. 2012
ISBN 978-3-86644-808-7

Band 11 Martin Gießler
Mechanismen der Kraftübertragung des Reifens auf Schnee und Eis. 2012
ISBN 978-3-86644-806-3

Band 12 Daniel Pies
Reifenungleichförmigkeitserregter Schwingungskomfort – Quantifizierung und Bewertung komfortrelevanter Fahrzeugschwingungen. 2012
ISBN 978-3-86644-825-4

Band 13 Daniel Weber
Untersuchung des Potenzials einer Brems-Ausweich-Assistenz. 2012
ISBN 978-3-86644-864-3

Band 14 **7. Kolloquium Mobilhydraulik. 27./28. September 2012 in Karlsruhe.** 2012
ISBN 978-3-86644-881-0

Band 15 4. Fachtagung
Hybridantriebe für mobile Arbeitsmaschinen 20. Februar 2013, Karlsruhe. 2013
ISBN 978-3-86644-970-1

Karlsruher Schriftenreihe Fahrzeugsystemtechnik (ISSN 1869-6058)

Herausgeber: FAST Institut für Fahrzeugsystemtechnik

Band 16 Hans-Joachim Unrau
Der Einfluss der Fahrbahnoberflächenkrümmung auf den Rollwiderstand, die Cornering Stiffness und die Aligning Stiffness von Pkw-Reifen. 2013
ISBN 978-3-86644-983-1

Band 17 Xi Zhang
Untersuchung und Entwicklung verschiedener Spurführungsansätze für Offroad-Fahrzeuge mit Deichselverbindung. 2013
ISBN 978-3-7315-0005-6

Band 18 Stefanie Grollius
Analyse des gekoppelten Systems Reifen-Hohlraum-Rad-Radführung im Rollzustand und Entwicklung eines Rollgeräuschmodells. 2013
ISBN 978-3-7315-0029-2

Band 19 Tobias Radke
Energieoptimale Längsführung von Kraftfahrzeugen durch Einsatz vorausschauender Fahrstrategien. 2013
ISBN 978-3-7315-0069-8

Band 20 David Gutjahr
Objektive Bewertung querdynamischer Reifeneigenschaften im Gesamtfahrzeugversuch. 2014
ISBN 978-3-7315-0153-4

Band 21 Neli Ovcharova
Methodik zur Nutzenanalyse und Optimierung sicherheitsrelevanter Fahrerassistenzsysteme. 2014
ISBN 978-3-7315-0176-3

Band 22 Marcus Geimer, Christian Pohlandt
Grundlagen mobiler Arbeitsmaschinen. 2014
ISBN 978-3-7315-0188-6

Band 23 Timo Kautzmann
Die mobile Arbeitsmaschine als komplexes System. 2014
ISBN 978-3-7315-0187-9

Karlsruher Schriftenreihe Fahrzeugsystemtechnik (ISSN 1869-6058)

Herausgeber: FAST Institut für Fahrzeugsystemtechnik

Band 24 Roman Weidemann
Analyse der mechanischen Randbedingungen zur Adaption der oszillierenden Hinterschneidtechnik an einen Mobilbagger. 2014
ISBN 978-3-7315-0193-0

Band 25 Yunfan Wei
Spurführungsregelung eines aktiv gelenkten Radpaars für Straßenbahnen. 2014
ISBN 978-3-7315-0232-6

Band 26 David Schmitz
Entwurf eines fehlertoleranten Lenkventils für Steer-by-Wire Anwendungen bei Traktoren. 2014
ISBN 978-3-7315-0264-7

Band 27 Christian Schwab
Beitrag zu einer universellen Baggerschnittstelle zur Übertragung elektrischer und hydraulischer Leistung sowie elektronischer Signale für komplexe Anbaugeräte. 2014
ISBN 978-3-7315-0281-4

Band 28 Peter Dengler
Untersuchung zum effizienten Betrieb von Hydraulikzylindern in Konstantdrucksystemen unter Verwendung einer Zwischendruckleitung. 2015
ISBN 978-3-7315-0295-1

Band 29 Manuel Bös
Untersuchung und Optimierung der Fahrkomfort- und Fahrdynamikeigenschaften von Radladern unter Berücksichtigung der prozessspezifischen Randbedingungen. 2015
ISBN 978-3-7315-0310-1

Band 30 5. Fachtagung
Hybride und energieeffiziente Antriebe für mobile Arbeitsmaschinen 25. Februar 2015, Karlsruhe. 2015
ISBN 978-3-7315-0323-1

Band 31 Michael Eckert
Energieoptimale Fahrdynamikregelung mehrmotoriger Elektrofahrzeuge. 2015
ISBN 978-3-7315-0332-3

Karlsruher Schriftenreihe Fahrzeugsystemtechnik (ISSN 1869-6058)

Herausgeber: FAST Institut für Fahrzeugsystemtechnik

Band 32 Martin Scherer
Beitrag zur Effizienzsteigerung mobiler Arbeitsmaschinen. Entwicklung einer elektrohydraulischen Bedarfsstromsteuerung mit aufgeprägtem Volumenstrom. 2015
ISBN 978-3-7315-0339-2

Band 33 Rinaldo Arnold
Automatische Abstimmung der Sekundärseite eines dreiphasigen Systems zur berührungslosen induktiven Energieübertragung. 2015
ISBN 978-3-7315-0355-2

Band 34 Johannes Gültlinger
Kraftübertragung und Fahrbahnverschleiß durch Spikereifen. 2015
ISBN 978-3-7315-0358-3

Band 35 Thorsten Dreher
Energieeffizienz von Konstantdrucksystemen mit sekundärgeregelten Antrieben beim Einsatz in mobilen Arbeitsmaschinen. 2015
ISBN 978-3-7315-0377-4

Band 36 Steffen Kölling
Konzeptionelle Untersuchung zur Neigekompensation von Stromabnehmern. 2015
ISBN 978-3-7315-0387-3

Band 37 Michael Fritz
Entwicklungswerkzeuge für die Fahrzeugklimatisierung von Nutzfahrzeugen. 2015
ISBN 978-3-7315-0384-2

Band 38 Ralf Oberfell
Stochastische Simulation von Energieflüssen im Nutzfahrzeug Ein einsatzorientiertes Bewertungs- und Optimierungsverfahren. 2015
ISBN 978-3-7315-0403-0

Band 39 Christoph Sturm
Bewertung der Energieeffizienz von Antriebssystemen mobiler Arbeitsmaschinen am Beispiel Bagger. 2015
ISBN 978-3-7315-0404-7

Karlsruher Schriftenreihe Fahrzeugsystemtechnik (ISSN 1869-6058)

Herausgeber: FAST Institut für Fahrzeugsystemtechnik

Band 40 Florian Netter
Komplexitätsadaption integrierter Gesamtfahrzeugsimulationen. 2016
ISBN 978-3-7315-0414-6

Band 41 Markus Springmann
Auslegung eines asynchronen Langstatorlinearmotors mit großem Luftspalt als Straßenbahnantrieb. 2015
ISBN 978-3-7315-0418-4

Band 42 Alexander Basler
Eine modulare Funktionsarchitektur zur Umsetzung einer gesamtheitlichen Betriebsstrategie für Elektrofahrzeuge. 2015
ISBN 978-3-7315-0421-4

Band 43 Hans-Georg Wahl
Optimale Regelung eines prädiktiven Energiemanagements von Hybridfahrzeugen. 2015
ISBN 978-3-7315-0422-1

Band 44 Jennifer Heck
Zur Simulation des Rad-Schiene-Verschleißes bei Straßenbahnen. 2016
ISBN 978-3-7315-0443-6

Band 45 Moritz Vaillant
Design Space Exploration zur multikriteriellen Optimierung elektrischer Sportwagenantriebsstränge: Variation von Topologie und Komponenteneigenschaften zur Steigerung von Fahrleistungen und Tank-to-Wheel Wirkungsgrad. 2016
ISBN 978-3-7315-0452-8

Band 46 Philip Nagel
Entwicklung einer Betriebsstrategie zur Energierückgewinnung in hybriden Mehrverbrauchersystemen. 2016
ISBN 978-3-7315-0479-5

Band 47 Matthias Pfriem
Analyse der Realnutzung von Elektrofahrzeugen in kommerziellen Flotten zur Definition einer bedarfsgerechten Fahrzeugauslegung. 2016
ISBN 978-3-7315-0489-4

FSC
www.fsc.org
MIX
Papier | Fördert gute Waldnutzung
FSC® C083411

Kolibri 360 GmbH
Ferdinand-Jühlke-Straße 7
99095 Erfurt, Deutschland
produktsicherheit@kolibri360.de